线 性 代 数

褚海峰　卜月华　包文清　编著

东 南 大 学 出 版 社
·南京·

内 容 提 要

　　本书是应用型本科院校理工类、经管类各专业线性代数课程的教材,全书共 6 章,内容包括行列式、矩阵及其运算、初等变换与线性方程组、向量组的线性相关性、矩阵的特征值和特征向量、二次型及其标准形。全书以章为单位配有习题,书后附有习题答案;同时,书中重点例题和习题旁附有视频二维码,学习者可扫码进行自主学习。考虑到不同专业对知识的不同要求和学生层次的不同,书中部分章节用"﹡"标出,供相关学习者选择学习。

　　本书结构合理,体系完备,既遵循新时期教育部对高等教育和课堂教学的基本要求,又考虑到应用型本科院校的培养目标和学习者的实际情况,内容由浅入深,通俗易懂,既可作为应用型本科院校理工类、经管类各专业以及高职院校相关专业的线性代数教材,也可作为相关老师线性代数课程的教学参考书。

图书在版编目(CIP)数据

　　线性代数 / 褚海峰,卜月华,包文清编著.—南京:东南大学出版社,2021.5(2025.1 重印)

　　ISBN　978 - 7 - 5641 - 9529 - 8

　　Ⅰ.①线…　Ⅱ.①褚…②卜…③包…　Ⅲ.①线性代数　Ⅳ.①O151.2

　　中国版本图书馆 CIP 数据核字(2021)第 090521 号

线性代数　Xianxing Daishu

编　　著	褚海峰　卜月华　包文清
出版发行	东南大学出版社
社　　址	南京市四牌楼 2 号(邮编:210096)
出 版 人	江建中
责任编辑	吉雄飞(联系电话:025 - 83793169)
经　　销	全国各地新华书店
印　　刷	广东虎彩云印刷有限公司
开　　本	700 mm×1000 mm　1/16
印　　张	8.5
字　　数	167 千字
版　　次	2021 年 5 月第 1 版
印　　次	2025 年 1 月第 2 次印刷
书　　号	ISBN　978 - 7 - 5641 - 9529 - 8
定　　价	30.00 元

本社图书若有印装质量问题,请直接与营销部联系,电话:025 - 83791830。

前　言

线性代数是普通高等学校理工类、经管类各专业的一门重要基础课。随着网络技术的逐步普及，高等教育已进入全新的信息时代，这无疑对基础课教材提出了更新的要求。线性代数课程不仅要为学生提供学习后续课程的必要的基础知识和基本技能，也是培养学生思维能力、推理能力、建模能力的重要平台与载体。随着高等教育的普及，不同层次的学生对知识的不同需求也对教材提出更高的要求。作者在应用型本科院校从事数学课教学近二十年，试图编写一本既符合上述要求又适合应用型本科院校特点的线性代数教材，本书是作者在多年教学经验的基础之上编写而成的。

本书既遵循新时期教育部对高等教育和课堂教学的基本要求，又考虑到应用型本科院校的培养目标和学习者的实际情况，内容由浅入深，比较系统地介绍了线性代数的基本概念、基本方法和基础理论，凸显了线性代数中行列式、矩阵及其运算、线性方程组的解、向量组的线性相关性、特征值和特征向量、二次型及其标准形等基本内容；同时，书中重点例题和习题旁附有视频二维码，学习者可扫码进行自主学习。

全书共六章。第一章行列式，介绍了行列式的基本概念、性质、展开定理以及利用行列式解线性方程组的方法——克莱姆法则，主要突出行列式的计算方法。在 n 阶行列式定义的阐述上采用层层逼近的方法，从学生熟悉的排列的定义引出反序数，从二阶、三阶行列式自然过渡至 n 阶行列式，完全符合学生的思维习惯。第二章矩阵及其运算，先介绍矩阵的基本概念及其运算，然后给出可逆矩阵的概念，对矩阵的乘法和可逆矩阵知识点进行了突出强化。第三章初等变换与线性方程组，介绍了初等变换、矩阵的秩等基本概念，重点研究了线性方程组解的存在性判定。初等方阵作为本章选学内容，学习者可以根据实际情况选择学习。第四章向量组的线性相关性，介绍了 n 维向量的概念与计算、线性相关的概念和性质、线性方程组解的结构理论，将矩阵的秩和向量组的秩进行了比对和统一，重点分析了线性方程组解的结构原理以及基础解系和通解的求法。第五章矩阵的特征值和特征向量，介绍了方阵的特征值和特征向量的概念、性质以及求法，详细阐述了方阵的相似对角化，突出了实对称矩阵的对角化方法及一些简单问题的解决思路。第六章二次型及其标准形，主要介绍了二次型的基本概念、二次型化为标准形的常用方法和实二次型的正定性判断方法。由于学生知识水平层次不平衡和学习习惯的差异性，本书各章配置了A，B两类习题，其中A类题目是课程对学生的基本要求，B类题目是在学生掌握基本知识的基础上适当提升了些难度，以图顾及考研学子的需求。考虑到不同专业对知识的不同要求和学生层次的不同，书中部分章节用“*”标出，供相关学习者选择学习。

本书结构合理，体系完备，通俗易懂，各部分内容既彼此相对独立又相互联系，可作为应用型本科院校理工类、经管类各专业以及高职院校相关专业的线性代数教材，也可作为相关老师线性代数课程的教学参考书。

本书第一、五章由褚海峰编写，第二、六章由包文清编写，第三、四章由卜月华编写，全书由褚海峰统稿、定稿。本书的编写和出版得到浙江师范大学行知学院教务部和基础部数理教学部的大力支持，谨向他们表示衷心的感谢。同时，也感谢东南大学出版社对本书出版的关心和帮助。

我们的初衷是使本书成为一本既具有新意又适合教学的新形态教材，由于水平有限，书中难免有不尽如人意之处，恳请各位专家和读者提出宝贵意见。

编著者

2021年3月

目　　录

第一章　行列式

行列式是一种常用的数学工具，在经济学和其它工程技术中有着广泛的作用．本章从二阶行列式和三阶行列式出发，引出 n 阶行列式的定义、计算方法及其简单应用．

第一节　行列式的定义

一、n 阶(级) 排列

1) 定义

n 个不同的自然数按照一定的次序排在一起，构成一个 n 阶排列，也称 n 级排列．例如，132 就是一个 3 阶排列，21543 就是一个 5 阶排列．

n 个不同的自然数共有 $n!$ 个 n 阶排列，其中只有一个是按照自然数从小到大的次序排列的，称之为自然排列(或标准排列)．

2) 反序数

除了自然排列(标准排列) 之外，其余排列中总会存在大数在前、小数在后的情况，称之为反序，或者逆序．在一个排列中，如果数字 i 比数字 j 小，却排在数字 j 的后面，则称数字 i 与数字 j 构成一对反序(或逆序)；如果数字 i 的后面有 k 个数字比它小，则称个数 k 为数字 i 的反序数(逆序数)．一个排列中所有数字的反序数之和称为该排列的反序数，用"τ" 表示．例如

$$\tau(132)=0+1+0=1,$$

$$\tau(21543)=1+0+2+1+0=4.$$

3) 奇排列与偶排列

通过反序数的计算不难发现，有的排列反序数为偶数，有的排列反序数为奇数，因此给出下面的定义．

定义 1.1　如果一个排列的反序数是奇数，则称此排列为奇排列；如果一个排列的反序数是偶数，则称此排列为偶排列．

以 3 阶排列为例(见下表)：

排列	123	231	312	132	321	213
反序数	$0+0+0=0$	$1+1+0=2$	$2+0+0=2$	$0+1+0=1$	$2+1+0=3$	$1+0+0=1$
奇偶性	偶	偶	偶	奇	奇	奇

例 1 求下列排列的反序数：

(1) 6125374； (2) $n(n-1)(n-2)\cdots 321$.

解 (1) $\tau(6125374)=5+0+0+2+0+1+0=8$；

(2) $$\begin{aligned}&\tau(n(n-1)(n-2)\cdots 321)\\ =&(n-1)+(n-2)+(n-3)+\cdots+2+1+0\\ =&\frac{n(n-1)}{2}.\end{aligned}$$

***例 2** 设 $j_1,j_2,\cdots,j_n$ 是 n 个不同的自然数，若

$$\tau(j_1j_2\cdots j_n)=k,$$

求 $\tau(j_nj_{n-1}\cdots j_1)$.

解 观察排列 $j_1j_2\cdots j_n$ 和 $j_nj_{n-1}\cdots j_1$ 的特点不难发现，任意两个自然数只会在其中一个排列中构成反序，而两个排列中共有 C_n^2 个反序，所以

$$\tau(j_nj_{n-1}\cdots j_1)=C_n^2-k.$$

二、二阶行列式与三阶行列式

定义 1.2 由 2 行 2 列共 2^2 个数字构成的式子

$$\begin{vmatrix}a_{11} & a_{12}\\ a_{21} & a_{22}\end{vmatrix}$$

称为二阶行列式，常用 D_2 表示，其中 $a_{ij}(i,j=1,2)$ 称为行列式的元素，下标 i,j 分别表示元素 a_{ij} 所在的行与列，称之为元素 a_{ij} 的行标和列标.二阶行列式表示一个具体的数值，即

$$D_2=\begin{vmatrix}a_{11} & a_{12}\\ a_{21} & a_{22}\end{vmatrix}=a_{11}a_{22}-a_{12}a_{21}.$$

定义 1.3 由 3 行 3 列共 3^2 个数字构成的式子

$$\begin{vmatrix}a_{11} & a_{12} & a_{13}\\ a_{21} & a_{22} & a_{23}\\ a_{31} & a_{32} & a_{33}\end{vmatrix}$$

称为三阶行列式,用 D_3 表示.三阶行列式也表示一个具体的数值,即

$$D_3=\begin{vmatrix} a_{11} & a_{12} & a_{13} \\ a_{21} & a_{22} & a_{23} \\ a_{31} & a_{32} & a_{33} \end{vmatrix}$$

$$=a_{11}a_{22}a_{33}+a_{12}a_{23}a_{31}+a_{13}a_{21}a_{32}$$

$$-a_{13}a_{22}a_{31}-a_{12}a_{21}a_{33}-a_{11}a_{23}a_{32}.$$

比较二阶行列式与三阶行列式,不难发现 D_2 具有如下特点:

(1) D_2 的展开式是 2!项的代数和.

(2) 每一项都是取自行列式中不同行不同列的 2 个元素的乘积.

(3) 每一项都带有固定的符号:"+"或"−".当行标按自然次序排列时,若对应的列标排列为偶排列,则此项前带"+";反之,带"−".

D_3 具有如下特点:

(1) D_3 的展开式是 3!项的代数和.

(2) 每一项都是取自行列式中不同行不同列的 3 个元素的乘积.

(3) 每一项都带有固定的符号:"+"或"−".当行标按自然次序排列时,若对应的列标排列为偶排列,则此项前带"+";反之,带"−".

三、*n* 阶行列式

定义 1.4　由 n 行 n 列共 n^2 个数字构成的式子

$$\begin{vmatrix} a_{11} & a_{12} & \cdots & a_{1n} \\ a_{21} & a_{22} & \cdots & a_{2n} \\ \vdots & \vdots & & \vdots \\ a_{n1} & a_{n2} & \cdots & a_{nn} \end{vmatrix}$$

称为 n 阶行列式,用 D_n 表示.n 阶行列式也表示一个具体的数值,即

$$D_n=\begin{vmatrix} a_{11} & a_{12} & \cdots & a_{1n} \\ a_{21} & a_{22} & \cdots & a_{2n} \\ \vdots & \vdots & & \vdots \\ a_{n1} & a_{n2} & \cdots & a_{nn} \end{vmatrix}=\sum(-1)^{\tau(j_1j_2\cdots j_n)}a_{1j_1}a_{2j_2}\cdots a_{nj_n}.$$

类比上述 D_2 和 D_3 的特点,不难得到 D_n 的特点如下:

(1) D_n 的展开式是 n!项的代数和.

(2) 每一项都是取自行列式中不同行不同列的 n 个元素的乘积.

(3) 每一项都带有固定的符号:"+"或"−".当行标按自然次序排列时,若对应的列标排列为偶排列,则此项前带"+";反之,带"−".

例 3 下列各乘积是否为六阶行列式展开式中的项？如果是，请判断项前的符号.

(1) $a_{32}a_{54}a_{16}a_{43}a_{62}a_{25}$；

(2) $a_{12}a_{54}a_{35}a_{43}a_{26}a_{61}$.

解 (1) 6 个元素的行标依次为 3,5,1,4,6,2，列标依次为 2,4,6,3,2,5，容易看出 a_{32} 和 a_{62} 位于同一列，所以不是六阶行列式展开式中的项.

(2) 6 个元素的行标依次为 1,5,3,4,2,6，列标依次为 2,4,5,3,6,1，容易看出这 6 个元素位于六阶行列式中的不同行不同列，所以是展开式中的一项.将该乘积按行标自然次序排列时为 $a_{12}a_{26}a_{35}a_{43}a_{54}a_{61}$，由于

$$\tau(265341)=1+4+3+1+1+0=10,$$

所以这一项前带"+".

第二节 行列式的计算

一、利用行列式的定义计算行列式的值

例 1 求下列行列式的值：

(1) $\begin{vmatrix} a_{11} & & & \\ & a_{22} & & \\ & & \ddots & \\ & & & a_{nn} \end{vmatrix}$；　(2) $\begin{vmatrix} a_{11} & a_{12} & \cdots & a_{1n} \\ & a_{22} & \cdots & a_{2n} \\ & & \ddots & \vdots \\ & & & a_{nn} \end{vmatrix}$；

(3) $\begin{vmatrix} a_{11} & & & \\ a_{21} & a_{22} & & \\ \vdots & \vdots & \ddots & \\ a_{n1} & a_{n2} & \cdots & a_{nn} \end{vmatrix}$.

解 (1) 这个行列式叫对角线行列式，该行列式主对角元上方和下方的元素皆为 0.由 n 阶行列式的定义及展开式的特点，可得

$$\begin{vmatrix} a_{11} & & & \\ & a_{22} & & \\ & & \ddots & \\ & & & a_{nn} \end{vmatrix}=a_{11}a_{22}\cdots a_{nn}.$$

(2) 这个行列式叫上三角行列式，该行列式主对角元下方的元素皆为 0.由 n 阶行列式的定义及展开式的特点，可得

$$\begin{vmatrix} a_{11} & a_{12} & \cdots & a_{1n} \\ & a_{22} & \cdots & a_{2n} \\ & & \ddots & \vdots \\ & & & a_{nn} \end{vmatrix} = a_{11}a_{22}\cdots a_{nn}.$$

(3) 这个行列式叫下三角行列式，该行列式主对角元上方的元素皆为 0.由 n 阶行列式的定义及展开式的特点，可得

$$\begin{vmatrix} a_{11} & & & \\ a_{21} & a_{22} & & \\ \vdots & \vdots & \ddots & \\ a_{n1} & a_{n2} & \cdots & a_{nn} \end{vmatrix} = a_{11}a_{22}\cdots a_{nn}.$$

由此可见，对角线行列式、上三角行列式、下三角行列式的值都等于主对角线上所有元素的乘积.

例 2　求行列式 $\begin{vmatrix} & & & a_{1n} \\ & & a_{2,n-1} & \\ & \iddots & & \\ a_{n1} & & & \end{vmatrix}$ 的值.

解　由 n 阶行列式的定义及展开式的特点，展开式中只有 $a_{1n}a_{2,n-1}\cdots a_{n1}$ 这一项，由于

$$\tau[n(n-1)\cdots 21] = \frac{n(n-1)}{2},$$

所以

$$\begin{vmatrix} & & & a_{1n} \\ & & a_{2,n-1} & \\ & \iddots & & \\ a_{n1} & & & \end{vmatrix} = \begin{cases} +a_{1n}a_{2,n-1}\cdots a_{n1}, & 当\dfrac{n(n-1)}{2}为偶数时, \\ -a_{1n}a_{2,n-1}\cdots a_{n1}, & 当\dfrac{n(n-1)}{2}为奇数时. \end{cases}$$

二、利用行列式的性质计算行列式的值

把行列式 D 的第 i 行放在第 i 列($i=1,2,\cdots,n$)，得到的新的行列式称为原行列式的转置，记为 D^{T}.

性质 1.1　行列式和它的转置相等.

例如，若 $D=\begin{vmatrix} a & b \\ c & d \end{vmatrix}$，则 $D^{\mathrm{T}}=\begin{vmatrix} a & c \\ b & d \end{vmatrix}$.显然，$D=D^{\mathrm{T}}$.

性质 1.2 交换行列式的两行(或两列)的位置,行列式值变为原行列式值的相反数.

例如,

$$\begin{vmatrix} a & b \\ c & d \end{vmatrix} = ad - bc, \quad \begin{vmatrix} c & d \\ a & b \end{vmatrix} = bc - ad,$$

很容易看出这两个行列式互为相反数.

例 3 若交换 n 阶行列式 D_n 的第 3 行与第 7 行,行列式值不变,求 D_n 的值.

解 由性质1.2,交换两行,行列式变号,所以交换 D_n 的第3行与第7行,得到的结果是 $-D_n$.由已知得 $D_n=-D_n$,故 $D_n=0$.

推论 1.1 行列式中某两行(列)元素相同,则行列式的值为零.

性质 1.3 行列式某一行(列)有公因子 k,则公因子 k 可以提至行列式外.即

$$\begin{vmatrix} a_{11} & a_{12} & \cdots & a_{1n} \\ \vdots & \vdots & & \vdots \\ ka_{i1} & ka_{i2} & \cdots & ka_{in} \\ \vdots & \vdots & & \vdots \\ a_{n1} & a_{n2} & \cdots & a_{nn} \end{vmatrix} = k \begin{vmatrix} a_{11} & a_{12} & \cdots & a_{1n} \\ \vdots & \vdots & & \vdots \\ a_{i1} & a_{i2} & \cdots & a_{in} \\ \vdots & \vdots & & \vdots \\ a_{n1} & a_{n2} & \cdots & a_{nn} \end{vmatrix}.$$

性质 1.4 一个行列式两行(列)的元素对应成比例,行列式的值为零.

性质 1.5 如果行列式 D 的某一行(列)的所有元素都是两个数字之和,如

$$D = \begin{vmatrix} a_{11} & a_{12} & \cdots & a_{1n} \\ \vdots & \vdots & & \vdots \\ b_{i1}+c_{i1} & b_{i2}+c_{i2} & \cdots & b_{in}+c_{in} \\ \vdots & \vdots & & \vdots \\ a_{n1} & a_{n2} & \cdots & a_{nn} \end{vmatrix},$$

则 D 可以分为如下两个行列式的和:

$$D = \begin{vmatrix} a_{11} & a_{12} & \cdots & a_{1n} \\ \vdots & \vdots & & \vdots \\ b_{i1} & b_{i2} & \cdots & b_{in} \\ \vdots & \vdots & & \vdots \\ a_{n1} & a_{n2} & \cdots & a_{nn} \end{vmatrix} + \begin{vmatrix} a_{11} & a_{12} & \cdots & a_{1n} \\ \vdots & \vdots & & \vdots \\ c_{i1} & c_{i2} & \cdots & c_{in} \\ \vdots & \vdots & & \vdots \\ a_{n1} & a_{n2} & \cdots & a_{nn} \end{vmatrix}.$$

性质 1.6 把行列式某一行(列)的所有元素同时乘以常数 k 后加到另一行(列)的对应元素上,行列式的值不变.

注 以上行列式的六条性质的作用在于将任意一个行列式化为上(下)三角

行列式.

例 4　计算行列式

$$D=\begin{vmatrix}3&1&-1&2\\-5&1&3&-4\\2&0&1&-1\\1&-5&3&-3\end{vmatrix}.$$

解　根据行列式的性质,可得

$$D\xlongequal{r_1+(-1)r_3}\begin{vmatrix}1&1&-2&3\\-5&1&3&-4\\2&0&1&-1\\1&-5&3&-3\end{vmatrix}\xlongequal{r_2+5r_1}\begin{vmatrix}1&1&-2&3\\0&6&-7&11\\2&0&1&-1\\1&-5&3&-3\end{vmatrix}$$

$$\xlongequal{r_3+(-2)r_1}\begin{vmatrix}1&1&-2&3\\0&6&-7&11\\0&-2&5&-7\\1&-5&3&-3\end{vmatrix}\xlongequal{r_4+(-1)r_1}\begin{vmatrix}1&1&-2&3\\0&6&-7&11\\0&-2&5&-7\\0&-6&5&-6\end{vmatrix}$$

$$\xlongequal{r_2\leftrightarrow r_3}-\begin{vmatrix}1&1&-2&3\\0&-2&5&-7\\0&6&-7&11\\0&-6&5&-6\end{vmatrix}\xlongequal[r_4+(-3)r_2]{r_3+3r_2}-\begin{vmatrix}1&1&-2&3\\0&-2&5&-7\\0&0&8&-10\\0&0&-10&15\end{vmatrix}$$

$$\xlongequal{r_4+\frac{5}{4}r_3}-\begin{vmatrix}1&1&-2&3\\0&-2&5&-7\\0&0&8&-10\\0&0&0&\frac{5}{2}\end{vmatrix}=40.$$

例 5　计算行列式

$$D=\begin{vmatrix}3&1&1&1\\1&3&1&1\\1&1&3&1\\1&1&1&3\end{vmatrix}.$$

解　将行列式第 2 列及后面所有列的 1 倍都加至第 1 列,得

$$D=\begin{vmatrix}6&1&1&1\\6&3&1&1\\6&1&3&1\\6&1&1&3\end{vmatrix}=6\begin{vmatrix}1&1&1&1\\1&3&1&1\\1&1&3&1\\1&1&1&3\end{vmatrix},$$

再将第 1 行的(−1) 倍加至其余各行,得

$$D=6\begin{vmatrix}1&1&1&1\\0&2&0&0\\0&0&2&0\\0&0&0&2\end{vmatrix}=48.$$

注 行列式中,每一行(列) 中所有元素的和称为行(列) 和.本题中行列式的特点是“行和 = 列和”.

例 6 计算 n 阶行列式

$$\begin{vmatrix}1&1&\cdots&1\\1&2&&\\\vdots&&\ddots&\\1&&&n\end{vmatrix}.$$

解 从第 2 列开始,将第 j 列的$\left(-\dfrac{1}{j}\right)$倍加至第 1 列($j=2,3,\cdots,n$),得

$$\begin{vmatrix}1-\sum\limits_{i=2}^{n}\dfrac{1}{i}&1&\cdots&1\\0&2&&\\\vdots&&\ddots&\\0&&&n\end{vmatrix}=\left(1-\sum_{i=2}^{n}\frac{1}{i}\right)\cdot n!.$$

注 根据这个行列式中元素的排列结构,称之为箭形行列式或爪形行列式.

三、利用展开定理计算行列式的值

在行列式的阶数比较大的情况下,有时用性质法计算行列式会比较繁琐,这就需要一种将行列式降阶的方法.

在一个 n 阶行列式中,把元素 a_{ij} 所在的行和列去掉,留下的低一阶的行列式称为元素 a_{ij} 的余子式,记为 M_{ij};称$(-1)^{i+j}M_{ij}$ 为元素 a_{ij} 的代数余子式,记为 A_{ij},即 $A_{ij}=(-1)^{i+j}M_{ij}$.

例如,在三阶行列式

$$D_3=\begin{vmatrix}a_{11}&a_{12}&a_{13}\\a_{21}&a_{22}&a_{23}\\a_{31}&a_{32}&a_{33}\end{vmatrix}$$

中,元素 a_{23} 的代数余子式为

$$A_{23}=(-1)^{2+3}\begin{vmatrix}a_{11} & a_{12}\\ a_{31} & a_{32}\end{vmatrix}=-M_{23},$$

而元素 a_{31} 的代数余子式为

$$A_{31}=(-1)^{3+1}\begin{vmatrix}a_{12} & a_{13}\\ a_{22} & a_{23}\end{vmatrix}=M_{31}.$$

从上可以看出,有些元素的代数余子式和余子式相同,而有些元素的代数余子式和余子式互为相反数.

定理 1.1 n 阶行列式等于某一行(列)的所有元素和对应的代数余子式乘积的和,即

$$D=a_{i1}A_{i1}+a_{i2}A_{i2}+\cdots+a_{in}A_{in},$$

或

$$D=a_{1j}A_{1j}+a_{2j}A_{2j}+\cdots+a_{nj}A_{nj}.$$

例 7 求行列式

$$D=\begin{vmatrix}1 & 2 & 3\\ 2 & 2 & 1\\ 3 & 4 & 3\end{vmatrix}.$$

解 任意选择一行或者一列展开,比如选择第 1 行,得

$$\begin{aligned}D&=1\cdot(-1)^{1+1}\begin{vmatrix}2 & 1\\ 4 & 3\end{vmatrix}+2\cdot(-1)^{1+2}\begin{vmatrix}2 & 1\\ 3 & 3\end{vmatrix}+3\cdot(-1)^{1+3}\begin{vmatrix}2 & 2\\ 3 & 4\end{vmatrix}\\ &=2-6+6\\ &=2.\end{aligned}$$

一般情况下,计算行列式时往往是性质法和展开法交替使用.

例 8 求三阶范德蒙德行列式

$$D=\begin{vmatrix}1 & 1 & 1\\ x_1 & x_2 & x_3\\ x_1^2 & x_2^2 & x_3^2\end{vmatrix}.$$

解 根据行列式的性质及展开定理,可得

$$D=\begin{vmatrix}1 & 1 & 1\\ x_1 & x_2 & x_3\\ x_1^2 & x_2^2 & x_3^2\end{vmatrix}=\begin{vmatrix}1 & 1 & 1\\ 0 & x_2-x_1 & x_3-x_1\\ 0 & x_2^2-x_1^2 & x_3^2-x_1^2\end{vmatrix}=\begin{vmatrix}x_2-x_1 & x_3-x_1\\ x_2^2-x_1^2 & x_3^2-x_1^2\end{vmatrix}$$

$$
\begin{aligned}
&=(x_2-x_1)(x_3-x_1)\begin{vmatrix} 1 & 1 \\ x_2+x_1 & x_3+x_1 \end{vmatrix} \\
&=(x_2-x_1)(x_3-x_1)(x_3-x_2) \\
&=\prod_{1\leqslant j<i\leqslant 3}(x_i-x_j).
\end{aligned}
$$

观察三阶范德蒙德行列式计算结果的结构,类比可得四阶范德蒙德行列式

$$
\begin{vmatrix} 1 & 1 & 1 & 1 \\ x_1 & x_2 & x_3 & x_4 \\ x_1^2 & x_2^2 & x_3^2 & x_4^2 \\ x_1^3 & x_2^3 & x_3^3 & x_4^3 \end{vmatrix}=\prod_{1\leqslant j<i\leqslant 4}(x_i-x_j);
$$

类似地,n 阶范德蒙德行列式

$$
\begin{vmatrix} 1 & 1 & \cdots & 1 \\ x_1 & x_2 & \cdots & x_n \\ \vdots & \vdots & & \vdots \\ x_1^{n-1} & x_2^{n-1} & \cdots & x_n^{n-1} \end{vmatrix}=\prod_{1\leqslant j<i\leqslant n}(x_i-x_j).
$$

例 9 计算行列式

$$
D=\begin{vmatrix} 1+x & 1 & 1 & 1 \\ 1 & 1-x & 1 & 1 \\ 1 & 1 & 1+y & 1 \\ 1 & 1 & 1 & 1-y \end{vmatrix}.
$$

解 此行列式中每个元素都含有1,可以利用"加边法"(即将行列式增加一行一列,并保持行列式的值不变),上边加一行,左边加一列,得

$$
D=\begin{vmatrix} 1+x & 1 & 1 & 1 \\ 1 & 1-x & 1 & 1 \\ 1 & 1 & 1+y & 1 \\ 1 & 1 & 1 & 1-y \end{vmatrix}=\begin{vmatrix} 1 & 1 & 1 & 1 & 1 \\ 0 & 1+x & 1 & 1 & 1 \\ 0 & 1 & 1-x & 1 & 1 \\ 0 & 1 & 1 & 1+y & 1 \\ 0 & 1 & 1 & 1 & 1-y \end{vmatrix},
$$

把第 1 行的(-1)倍加至其余各行,得

$$
D=\begin{vmatrix} 1 & 1 & 1 & 1 & 1 \\ -1 & x & 0 & 0 & 0 \\ -1 & 0 & -x & 0 & 0 \\ -1 & 0 & 0 & y & 0 \\ -1 & 0 & 0 & 0 & -y \end{vmatrix},
$$

再利用爪形行列式的解法，将第 2 列及后面各列适当的倍数都加至第 1 列，得

$$D=\begin{vmatrix}1&1&1&1&1\\0&x&0&0&0\\0&0&-x&0&0\\0&0&0&y&0\\0&0&0&0&-y\end{vmatrix},$$

这是一个上三角行列式，易知其值为 x^2y^2.

定理 1.2　n 阶行列式某一行(列)的所有元素和另一行(列)对应元素的代数余子式乘积的和为零，即

$$a_{i1}A_{k1}+a_{i2}A_{k2}+\cdots+a_{in}A_{kn}=0\quad(i\neq k),$$

或

$$a_{1j}A_{1k}+a_{2j}A_{2k}+\cdots+a_{nj}A_{nk}=0\quad(j\neq k).$$

综合定理 1.1 和定理 1.2，可得如下重要结论：

$$a_{i1}A_{k1}+a_{i2}A_{k2}+\cdots+a_{in}A_{kn}=\begin{cases}D, & i=k,\\0, & i\neq k;\end{cases}$$

$$a_{1j}A_{1k}+a_{2j}A_{2k}+\cdots+a_{nj}A_{nk}=\begin{cases}D, & j=k,\\0, & j\neq k.\end{cases}$$

第三节　克莱姆法则

利用行列式这一工具，可以求出一部分特殊方程组的唯一解.

定理 1.3　含有 n 个未知数和 n 个方程的方程组

$$\begin{cases}a_{11}x_1+a_{12}x_2+\cdots+a_{1n}x_n=b_1,\\a_{21}x_1+a_{22}x_2+\cdots+a_{2n}x_n=b_2,\\\vdots\\a_{n1}x_1+a_{n2}x_2+\cdots+a_{nn}x_n=b_n,\end{cases}\tag{1}$$

若系数行列式

$$D=\begin{vmatrix}a_{11}&a_{12}&\cdots&a_{1n}\\a_{21}&a_{22}&\cdots&a_{2n}\\\vdots&\vdots&&\vdots\\a_{n1}&a_{n2}&\cdots&a_{nn}\end{vmatrix}\neq 0,$$

则方程组(1)有唯一解：

$$x_1=\frac{D_1}{D},\quad x_2=\frac{D_2}{D},\quad \cdots,\quad x_n=\frac{D_n}{D},$$

其中 $D_i(i=1,2,\cdots,n)$ 表示将系数行列式 D 中的第 i 列元素换成方程组右端的常数项后得到的行列式.

定理 1.3 称为克莱姆法则.利用克莱姆法则,可以求出同时满足下列两个条件的方程组的解:① 方程的个数等于未知数的个数;② 系数行列式不等于零.但是,当未知数的个数比较多时,计算行列式的工作量比较大,克莱姆法则就不方便了,因此人们更加注重的是克莱姆法则的理论意义.

例 1 利用克莱姆法则解线性方程组

$$\begin{cases} x_1+x_2+x_3+x_4=3,\\ x_1+2x_2+4x_3+8x_4=4,\\ x_1+3x_2+9x_3+27x_4=3,\\ x_1+4x_2+16x_3+64x_4=-3. \end{cases}$$

解 方程组的系数行列式为

$$D=\begin{vmatrix}1&1&1&1\\1&2&4&8\\1&3&9&27\\1&4&16&64\end{vmatrix}=\begin{vmatrix}1&1&1&1\\0&1&3&7\\0&2&8&26\\0&3&15&63\end{vmatrix}=\begin{vmatrix}1&3&7\\0&2&12\\0&6&42\end{vmatrix}=\begin{vmatrix}1&3&7\\0&2&12\\0&0&6\end{vmatrix}$$
$$=12\neq 0,$$

由克莱姆法则,方程组有唯一解.又

$$D_1=\begin{vmatrix}3&1&1&1\\4&2&4&8\\3&3&9&27\\-3&4&16&64\end{vmatrix}=\begin{vmatrix}0&1&0&0\\-2&2&2&6\\-6&3&6&24\\-15&4&12&60\end{vmatrix}$$
$$=-\begin{vmatrix}-2&2&6\\-6&6&24\\-15&12&60\end{vmatrix}=-\begin{vmatrix}-2&0&0\\-6&0&6\\-15&-3&15\end{vmatrix}=36,$$

$$D_2=\begin{vmatrix}1&3&1&1\\1&4&4&8\\1&3&9&27\\1&-3&16&64\end{vmatrix}=\begin{vmatrix}1&3&1&1\\0&1&3&7\\0&0&8&26\\0&-6&15&63\end{vmatrix}=\begin{vmatrix}1&3&7\\0&8&26\\0&33&105\end{vmatrix}=-18,$$

$$D_3=\begin{vmatrix}1&1&3&1\\1&2&4&8\\1&3&3&27\\1&4&-3&64\end{vmatrix}=\begin{vmatrix}1&1&3&1\\0&1&1&7\\0&2&0&26\\0&3&-6&63\end{vmatrix}=\begin{vmatrix}1&1&7\\2&0&26\\9&0&105\end{vmatrix}=24,$$

$$D_4=\begin{vmatrix}1&1&1&3\\1&2&4&4\\1&3&9&3\\1&4&16&-3\end{vmatrix}=\begin{vmatrix}1&1&1&3\\0&1&3&1\\0&2&8&0\\0&3&15&-6\end{vmatrix}=\begin{vmatrix}1&3&1\\2&8&0\\9&33&0\end{vmatrix}=-6,$$

由克莱姆法则,方程组的唯一解为

$$x_1=\frac{D_1}{D}=3,\quad x_2=\frac{D_2}{D}=-\frac{3}{2},\quad x_3=\frac{D_3}{D}=2,\quad x_4=\frac{D_4}{D}=-\frac{1}{2}.$$

推论 1.2　若系数行列式 $D=0$,则方程组(1) 无解.

方程组(1) 中,若把常数项都变为零,方程组就变为

$$\begin{cases}a_{11}x_1+a_{12}x_2+\cdots+a_{1n}x_n=0,\\a_{21}x_1+a_{22}x_2+\cdots+a_{2n}x_n=0,\\\vdots\\a_{n1}x_1+a_{n2}x_2+\cdots+a_{nn}x_n=0.\end{cases}\tag{2}$$

方程组(2) 称为齐次线性方程组,对应地,方程组(1) 称为非齐次线性方程组.

定理 1.4　对于齐次线性方程组(2),若系数行列式

$$D=\begin{vmatrix}a_{11}&a_{12}&\cdots&a_{1n}\\a_{21}&a_{22}&\cdots&a_{2n}\\\vdots&\vdots&&\vdots\\a_{n1}&a_{n2}&\cdots&a_{nn}\end{vmatrix}\neq 0,$$

则方程组(2) 有唯一解:

$$x_1=\frac{D_1}{D}=0,\quad x_2=\frac{D_2}{D}=0,\quad \cdots,\quad x_n=\frac{D_n}{D}=0,$$

称为方程组的零解.

换句话说,若齐次线性方程组系数行列式不等于零,则该方程组只有零解.

推论 1.3　齐次线性方程组有非零解的充分必要条件是系数行列式等于零.

例 2　当 λ 为何值时,方程组

$$\begin{cases}\lambda x_1+x_2+x_3=0,\\x_1+\lambda x_2+x_3=0,\\x_1+x_2+\lambda x_3=0\end{cases}$$

有非零解？

解　方程组的系数行列式为

$$D=\begin{vmatrix}\lambda & 1 & 1\\ 1 & \lambda & 1\\ 1 & 1 & \lambda\end{vmatrix}=(\lambda+2)(\lambda-1)^2,$$

由推论 1.3，齐次线性方程组有非零解的充分必要条件是系数行列式等于零，所以当 $\lambda=-2$ 或 $\lambda=1$ 时，方程组有非零解.

习题一

(A 组)

1. 写出四阶行列式

$$D=\begin{vmatrix}a_{11} & a_{12} & a_{13} & a_{14}\\ a_{21} & a_{22} & a_{23} & a_{24}\\ a_{31} & a_{32} & a_{33} & a_{34}\\ a_{41} & a_{42} & a_{43} & a_{44}\end{vmatrix}$$

中元素 a_{23} 的余子式和元素 a_{32} 的代数余子式.

2. 设 $D=\begin{vmatrix}1 & 2 & 3\\ 2 & 1 & 1\\ 3 & 4 & 5\end{vmatrix}$，求 M_{11},M_{12},M_{13} 和 A_{11},A_{12},A_{13} 的值，并求出该行列式的值.

3. 设 $D=\begin{vmatrix}1 & 2 & 3 & 4\\ -1 & 1 & 0 & 2\\ 1 & 0 & -1 & 0\\ 1 & 0 & 1 & 1\end{vmatrix}$，试分别按第 1 行和第 2 列展开计算行列式的值. 哪一种展开更方便？

4. 计算下列行列式的值：

(1) $\begin{vmatrix}2 & 3\\ 1 & 5\end{vmatrix}$；　(2) $\begin{vmatrix}\sin x & -\cos x\\ \cos x & \sin x\end{vmatrix}$；

(3) $\begin{vmatrix}2 & 0 & 1\\ 1 & -4 & 1\\ -1 & 8 & 3\end{vmatrix}$；　(4) $\begin{vmatrix}a & b & c\\ c & a & b\\ b & c & a\end{vmatrix}$.

5. 用克莱姆法则解下列方程组：

(1) $\begin{cases}2x_1+3x_2=22,\\ 7x_1-4x_2=19;\end{cases}$　(2) $\begin{cases}x_1+2x_2+x_3=0,\\ 2x_1-x_2+x_3=1,\\ x_1-x_2+2x_3=0;\end{cases}$

(3) $\begin{cases} x_1+2x_2+3x_3=2, \\ 2x_1-x_2+x_3=2, \\ 3x_1+4x_2+3x_3=4. \end{cases}$

6. 证明下面的等式：

$$\begin{vmatrix} a-c & -c & b \\ c-b & -b & a \\ b-a & -a & c \end{vmatrix}=\begin{vmatrix} a & b & c \\ c & a & b \\ b & c & a \end{vmatrix}.$$

（B 组）

1. 计算下列行列式：

(1) $\begin{vmatrix} 4 & 1 & 2 & 4 \\ 1 & 2 & 0 & 2 \\ 10 & 5 & 2 & 0 \\ 0 & 1 & 1 & 7 \end{vmatrix}$；　(2) $\begin{vmatrix} a & 0 & 0 & c \\ 0 & a & c & 0 \\ 0 & d & b & 0 \\ d & 0 & 0 & b \end{vmatrix}$；　(3) $\begin{vmatrix} 5 & 2 & 2 & 2 \\ 2 & 5 & 2 & 2 \\ 2 & 2 & 5 & 2 \\ 2 & 2 & 2 & 5 \end{vmatrix}$.

2. 在实数范围内解方程

$$\begin{vmatrix} 1 & 1 & 1 & 1 \\ 1 & 1-x & 1 & 1 \\ 1 & 1 & 2-x & 1 \\ 1 & 1 & 1 & 3-x \end{vmatrix}=0.$$

3. 已知 D 为一个四阶行列式，它的第 1 行元素依次为 $2,m,k,3$，第 1 行元素的余子式依次为 $1,-1,1,-1$，第 3 行元素的代数余子式依次为 $3,1,4,2$.若 $D=2$，求 m,k 的值.

4. 计算下列行列式：

(1) $D_n=\begin{vmatrix} a & & & 1 \\ & a & & \\ & & \ddots & \\ 1 & & & a \end{vmatrix}$（对角线上元素都为 a，其它未写出元素为 0）；

(2) $D_n=\begin{vmatrix} x & y & 0 & \cdots & 0 & 0 \\ 0 & x & y & \cdots & 0 & 0 \\ 0 & 0 & x & \cdots & 0 & 0 \\ \vdots & \vdots & \vdots & & \vdots & \vdots \\ 0 & 0 & 0 & \cdots & x & y \\ y & 0 & 0 & \cdots & 0 & x \end{vmatrix}$；

(3) $D_n=\begin{vmatrix} x & a & a & \cdots & a & a \\ a & x & a & \cdots & a & a \\ a & a & x & \cdots & a & a \\ \vdots & \vdots & \vdots & & \vdots & \vdots \\ a & a & a & \cdots & x & a \\ a & a & a & \cdots & a & x \end{vmatrix}$；

(4) $D_{2n}=\begin{vmatrix} a & & & & & b \\ & \ddots & & & \iddots & \\ & & a & b & & \\ & & c & d & & \\ & \iddots & & & \ddots & \\ c & & & & & d \end{vmatrix}$（未写出元素都为 0）；

(5) $D_n=\begin{vmatrix} 1 & 2 & 2 & \cdots & 2 & 2 \\ 2 & 2 & 2 & \cdots & 2 & 2 \\ 2 & 2 & 3 & \cdots & 2 & 2 \\ \vdots & \vdots & \vdots & & \vdots & \vdots \\ 2 & 2 & 2 & \cdots & n-1 & 2 \\ 2 & 2 & 2 & \cdots & 2 & n \end{vmatrix}$；

(6) $D_n=\begin{vmatrix} 1+a_1 & 1 & \cdots & 1 \\ 1 & 1+a_2 & \cdots & 1 \\ \vdots & \vdots & & \vdots \\ 1 & 1 & \cdots & 1+a_n \end{vmatrix}$（提示：用“加边法”）.

5. 用克莱姆法则解方程组

$$\begin{cases} x_1+\ \ x_2+\ \ x_3=1, \\ ax_1+bx_2+cx_3=d, \\ a^2x_1+b^2x_2+c^2x_3=d^2, \end{cases}$$

其中，a,b,c 是互不相等的实数.

第二章　矩阵及其运算

通过克莱姆法则仅仅能够解一些特殊的方程组，在未知数的个数和方程的个数不同的情况下又该如何讨论方程组的解呢？这就需要引入矩阵的概念.此外，很多问题看起来本质不同，但最后都可归结为矩阵的运算，所以矩阵是数学上一个非常重要的概念.本章先引入矩阵的概念，再讨论它的一些简单运算.

第一节　矩阵的基本概念

一、矩阵的概念

矩阵在许多领域都有着广泛的应用.

引例 1　方程组

$$\begin{cases} a_1x_1+a_2x_2+a_3x_3=c_1, \\ b_1x_1+b_2x_2+b_3x_3=c_2 \end{cases}$$

有解吗？如果有，怎么求？如果没有，为什么？

我们发现，这个方程组中方程的个数与未知数的个数不同，因此不能求系数行列式，也就不能用克莱姆法则了.其实，方程组是否有解完全取决于其中的系数以及右端常数项，而与未知数用什么字母表示没有任何关系.因此，对方程组的讨论就归结为对下列数表的讨论：

$$\begin{bmatrix} a_1 & a_2 & a_3 & c_1 \\ b_1 & b_2 & b_3 & c_2 \end{bmatrix}.$$

这个数表就是本章要学习的工具 —— 矩阵.

引例 2　河南省甲、乙、丙三个面粉制造厂生产的面粉要供甘肃、青海、内蒙古、山西、河北五个省份居民食用.这三个面粉厂对五个省份的供给量可用表格表示如下：

	甘肃	青海	内蒙古	山西	河北
甲	a_{11}	a_{12}	a_{13}	a_{14}	a_{15}
乙	a_{21}	a_{22}	a_{23}	a_{24}	a_{25}
丙	a_{31}	a_{32}	a_{33}	a_{34}	a_{35}

如果去掉实际背景，就得到下列数表：

$$\begin{bmatrix} a_{11} & a_{12} & a_{13} & a_{14} & a_{15} \\ a_{21} & a_{22} & a_{23} & a_{24} & a_{25} \\ a_{31} & a_{32} & a_{33} & a_{34} & a_{35} \end{bmatrix},$$

这也是一个矩阵.

定义 2.1 由 $m \times n$ 个数 $a_{ij}(i=1,2,\cdots,m;j=1,2,\cdots,n)$ 排成的 m 行 n 列的矩形数阵

$$\begin{bmatrix} a_{11} & a_{12} & \cdots & a_{1n} \\ a_{21} & a_{22} & \cdots & a_{2n} \\ \vdots & \vdots & & \vdots \\ a_{m1} & a_{m2} & \cdots & a_{mn} \end{bmatrix}$$

称为一个 m 行 n 列矩阵，简称 $m \times n$ 矩阵，其中 a_{ij} 称为该矩阵第 i 行第 j 列的元素.

矩阵常用大写的英文字母黑体表示，如 $\boldsymbol{A},\boldsymbol{B},\boldsymbol{C},\cdots$，有时也简记为 $\boldsymbol{A}_{m\times n}$ 或 $(a_{ij})_{m\times n}$.矩阵仅仅是一个数表，不表示一个具体的值.

二、几种常见的矩阵

1）实矩阵与复矩阵

如果一个矩阵中的元素都是实数，则称该矩阵为实矩阵；反之，若元素不全为实数，则称为复矩阵.本书中讨论的矩阵都是实矩阵.

2）方阵

如果一个矩阵的行数和列数相等（即 $m=n$），则称该矩阵为 n 阶方阵，简称为方阵，记为

$$\boldsymbol{A}_n = \begin{bmatrix} a_{11} & a_{12} & \cdots & a_{1n} \\ a_{21} & a_{22} & \cdots & a_{2n} \\ \vdots & \vdots & & \vdots \\ a_{n1} & a_{n2} & \cdots & a_{nn} \end{bmatrix}.$$

3）对角方阵

如果一个 n 阶方阵除了主对角线外其余元素都是零，则称为对角方阵，记为

$$\boldsymbol{\Lambda} = \begin{bmatrix} \lambda_1 & & & \\ & \lambda_2 & & \\ & & \ddots & \\ & & & \lambda_n \end{bmatrix},$$

有时也简记为 $\boldsymbol{A}=\mathrm{diag}(\lambda_1,\lambda_2,\cdots,\lambda_n)$.

4）单位方阵

主对角线上元素都是 1 的对角方阵称为单位方阵，常用 $\boldsymbol{E}$ 或 $\boldsymbol{I}$ 表示，即

$$\boldsymbol{E}=\begin{bmatrix}1 & & & \\ & 1 & & \\ & & \ddots & \\ & & & 1\end{bmatrix}.$$

5）零矩阵

元素都是零的矩阵称为零矩阵，用 $\boldsymbol{O}$ 或 $\boldsymbol{O}_{m\times n}$ 表示.例如

$$\boldsymbol{O}_{3\times 4}=\begin{bmatrix}0 & 0 & 0 & 0\\ 0 & 0 & 0 & 0\\ 0 & 0 & 0 & 0\end{bmatrix}.$$

第二节　矩阵的运算

本节介绍矩阵的几种常见运算.

一、相等

如果两个矩阵对应位置上的元素完全相同，则称这两个矩阵相等.

例 1　设 $\boldsymbol{A}=\begin{bmatrix}1 & 2 & 3\\ 4 & 5 & 6\end{bmatrix}$，$\boldsymbol{B}=\begin{bmatrix}a & b & c\\ m & n & p\end{bmatrix}$，若 $\boldsymbol{A}=\boldsymbol{B}$，则有

$$a=1,\quad b=2,\quad c=3,\quad m=4,\quad n=5,\quad p=6.$$

注　行数和列数分别对应相等的两个矩阵称为同型矩阵，只有同型矩阵才可能相等.

二、加(减)

设 $\boldsymbol{A}=(a_{ij})_{m\times n}$，$\boldsymbol{B}=(b_{ij})_{m\times n}$，则

$$\boldsymbol{A}+\boldsymbol{B}=(a_{ij}+b_{ij})_{m\times n},\quad \boldsymbol{A}-\boldsymbol{B}=(a_{ij}-b_{ij})_{m\times n}.$$

即将两个同型矩阵对应位置上的元素相加(减)，得到的新矩阵叫做这两个矩阵的和(差).

三、数乘

矩阵的数乘，顾名思义就是实数与矩阵相乘.

定义 2.2 设$A=(a_{ij})_{m\times n}$，$k\in\mathbf{R}$，则实数k与矩阵A的乘积记作kA或Ak，且

$$kA=(ka_{ij})_{m\times n}.$$

简言之，任一个实数与矩阵相乘，只要把矩阵的所有元素都乘以这个实数.

由数乘的定义，只有当矩阵的所有元素都有公因子k时，公因子k才可以从矩阵中提出来.这一点与行列式的运算不同，须请读者注意.

显然，矩阵的数乘运算满足：

(1) $1A=A$；

(2) $(kl)A=k(lA)$；

(3) $(k+l)A=kA+lA$；

(4) $k(A+B)=kA+kB$.

例 2 设$A=\begin{bmatrix}1&2&3\\4&5&6\end{bmatrix}$，$B=\begin{bmatrix}2&1&0\\3&2&7\end{bmatrix}$，求$3A+2B$，$2(A+B)$.

解 根据矩阵的数乘运算规则，可得

$$\begin{aligned}3A+2B&=3\begin{bmatrix}1&2&3\\4&5&6\end{bmatrix}+2\begin{bmatrix}2&1&0\\3&2&7\end{bmatrix}\\&=\begin{bmatrix}3&6&9\\12&15&18\end{bmatrix}+\begin{bmatrix}4&2&0\\6&4&14\end{bmatrix}\\&=\begin{bmatrix}7&8&9\\18&19&32\end{bmatrix},\end{aligned}$$

$$\begin{aligned}2(A+B)&=2\left(\begin{bmatrix}1&2&3\\4&5&6\end{bmatrix}+\begin{bmatrix}2&1&0\\3&2&7\end{bmatrix}\right)=2\begin{bmatrix}3&3&3\\7&7&13\end{bmatrix}\\&=\begin{bmatrix}6&6&6\\14&14&26\end{bmatrix}.\end{aligned}$$

四、矩阵与矩阵相乘

在线性代数中，通常将用变元$x_1,x_2,\cdots,x_n$表示变元$y_1,y_2,\cdots,y_m$的如下表达式

$$\begin{cases}y_1=a_{11}x_1+a_{12}x_2+\cdots+a_{1n}x_n,\\y_2=a_{21}x_1+a_{22}x_2+\cdots+a_{2n}x_n,\\\quad\vdots\\y_m=a_{m1}x_1+a_{m2}x_2+\cdots+a_{mn}x_n\end{cases}$$

称为由变元$x_1,x_2,\cdots,x_n$到变元$y_1,y_2,\cdots,y_m$的线性变换.

现设变元 x_1,x_2,x_3 到变元 y_1,y_2 的线性变换为

$$\begin{cases}y_1=a_{11}x_1+a_{12}x_2+a_{13}x_3,\\ y_2=a_{21}x_1+a_{22}x_2+a_{23}x_3,\end{cases}\tag{1}$$

由变元 t_1,t_2 到变元 x_1,x_2,x_3 的线性变换为

$$\begin{cases}x_1=b_{11}t_1+b_{12}t_2,\\ x_2=b_{21}t_1+b_{22}t_2,\\ x_3=b_{31}t_1+b_{32}t_2.\end{cases}\tag{2}$$

欲求由变元 t_1,t_2 到变元 y_1,y_2 的线性变换,只需将(2) 式代入(1) 式中,有

$$\begin{cases}y_1=a_{11}(b_{11}t_1+b_{12}t_2)+a_{12}(b_{21}t_1+b_{22}t_2)+a_{13}(b_{31}t_1+b_{32}t_2),\\ y_2=a_{21}(b_{11}t_1+b_{12}t_2)+a_{22}(b_{21}t_1+b_{22}t_2)+a_{23}(b_{31}t_1+b_{32}t_2),\end{cases}$$

即

$$\begin{cases}y_1=(a_{11}b_{11}+a_{12}b_{21}+a_{13}b_{31})t_1+(a_{11}b_{12}+a_{12}b_{22}+a_{13}b_{32})t_2,\\ y_2=(a_{21}b_{11}+a_{22}b_{21}+a_{23}b_{31})t_1+(a_{21}b_{12}+a_{22}b_{22}+a_{23}b_{32})t_2.\end{cases}\tag{3}$$

通常把线性变换(3) 称为线性变换(1) 与(2) 的积变换.若分别记(1),(2),(3) 的系数矩阵记为

$$\boldsymbol{A}=\begin{bmatrix}a_{11}&a_{12}&a_{13}\\ a_{21}&a_{22}&a_{23}\end{bmatrix},\quad \boldsymbol{B}=\begin{bmatrix}b_{11}&b_{12}\\ b_{21}&b_{22}\\ b_{31}&b_{32}\end{bmatrix},$$

$$\boldsymbol{C}=\begin{bmatrix}a_{11}b_{11}+a_{12}b_{21}+a_{13}b_{31}&a_{11}b_{12}+a_{12}b_{22}+a_{13}b_{32}\\ a_{21}b_{11}+a_{22}b_{21}+a_{23}b_{31}&a_{21}b_{12}+a_{22}b_{22}+a_{23}b_{32}\end{bmatrix},$$

则矩阵 $\boldsymbol{C}$ 就是矩阵 $\boldsymbol{A}$ 与矩阵 $\boldsymbol{B}$ 的乘积,记为 $\boldsymbol{C}=\boldsymbol{AB}$.

定义 2.3　设矩阵

$$\boldsymbol{A}=(a_{ij})_{m\times s}=\begin{bmatrix}a_{11}&a_{12}&\cdots&a_{1s}\\ \vdots&\vdots&&\vdots\\ a_{i1}&a_{i2}&\cdots&a_{is}\\ \vdots&\vdots&&\vdots\\ a_{m1}&a_{m2}&\cdots&a_{ms}\end{bmatrix},$$

$$\boldsymbol{B}=(b_{ij})_{s\times n}=\begin{bmatrix}b_{11}&\cdots&b_{1j}&\cdots&b_{1n}\\ b_{21}&\cdots&b_{2j}&\cdots&b_{2n}\\ \vdots&&\vdots&&\vdots\\ b_{s1}&\cdots&b_{sj}&\cdots&b_{sn}\end{bmatrix},$$

则 $\boldsymbol{AB}=(c_{ij})_{m\times n}$，且

$$
\begin{aligned}
c_{ij}&=a_{i1}b_{1j}+a_{i2}b_{2j}+\cdots+a_{is}b_{sj}\\
&=\sum_{k=1}^{s}a_{ik}b_{kj}.
\end{aligned}
$$

例 3　设 $\boldsymbol{A}=\begin{bmatrix}1&2&3\\4&5&6\end{bmatrix}$，$\boldsymbol{B}=\begin{bmatrix}7&10&0\\8&11&1\\9&12&0\end{bmatrix}$，求 $\boldsymbol{AB}$ 和 $\boldsymbol{BA}$.

解　根据矩阵乘法法则，可得

$$
\begin{aligned}
\boldsymbol{AB}&=\begin{bmatrix}1&2&3\\4&5&6\end{bmatrix}\begin{bmatrix}7&10&0\\8&11&1\\9&12&0\end{bmatrix}\\
&=\begin{bmatrix}1\times7+2\times8+3\times9&1\times10+2\times11+3\times12&1\times0+2\times1+3\times0\\4\times7+5\times8+6\times9&4\times10+5\times11+6\times12&4\times0+5\times1+6\times0\end{bmatrix}\\
&=\begin{bmatrix}50&68&2\\122&167&5\end{bmatrix},
\end{aligned}
$$

而

$$
\begin{aligned}
\boldsymbol{BA}&=\begin{bmatrix}7&10&0\\8&11&1\\9&12&0\end{bmatrix}\begin{bmatrix}1&2&3\\4&5&6\end{bmatrix}\\
&=\begin{bmatrix}7\times1+10\times4+0\times?&7\times2+10\times5+0\times?&7\times3+10\times6+0\times?\\8\times1+11\times4+1\times?&8\times2+11\times5+1\times?&8\times3+11\times6+1\times?\\9\times1+12\times4+0\times?&9\times2+12\times5+0\times?&9\times3+12\times6+0\times?\end{bmatrix}.
\end{aligned}
$$

由例 3 可以看出，$\boldsymbol{AB}$ 有意义（我们也说 $\boldsymbol{AB}$ 可乘）而 $\boldsymbol{BA}$ 无意义.那么什么情况下 $\boldsymbol{AB}$ 可乘呢？

结论 2.1　$\boldsymbol{AB}$ 可乘，当且仅当前一个矩阵 $\boldsymbol{A}$ 的列数等于后一个矩阵 $\boldsymbol{B}$ 的行数.

例 4　设 $\boldsymbol{A}=\begin{bmatrix}a_1\\a_2\\a_3\end{bmatrix}$，$\boldsymbol{B}=[b_1\quad b_2\quad b_3]$，求 $\boldsymbol{AB}$ 和 $\boldsymbol{BA}$.

解　根据矩阵乘法法则，可得

$$
\boldsymbol{AB}=\begin{bmatrix}a_1\\a_2\\a_3\end{bmatrix}[b_1\quad b_2\quad b_3]=\begin{bmatrix}a_1b_1&a_1b_2&a_1b_3\\a_2b_1&a_2b_2&a_2b_3\\a_3b_1&a_3b_2&a_3b_3\end{bmatrix},
$$

$$
\boldsymbol{BA}=[b_1\quad b_2\quad b_3]\begin{bmatrix}a_1\\a_2\\a_3\end{bmatrix}=a_1b_1+a_2b_2+a_3b_3.
$$

由例 4 可以看出,$\boldsymbol{AB}$ 和 $\boldsymbol{BA}$ 都可乘,但是 $\boldsymbol{AB} \neq \boldsymbol{BA}$.

结论 2.2　矩阵的乘法不满足交换律.

例 5　设 $\boldsymbol{A}=\begin{bmatrix}6 & 4\\ 8 & 5\end{bmatrix}$,$\boldsymbol{B}=\begin{bmatrix}7 & 4\\ 9 & 5\end{bmatrix}$,$\boldsymbol{C}=\begin{bmatrix}0 & 0\\ 0 & 1\end{bmatrix}$,求 $\boldsymbol{AC}$ 和 $\boldsymbol{BC}$.

解　根据矩阵乘法法则,可得

$$\boldsymbol{AC}=\begin{bmatrix}6 & 4\\ 8 & 5\end{bmatrix}\begin{bmatrix}0 & 0\\ 0 & 1\end{bmatrix}=\begin{bmatrix}0 & 4\\ 0 & 5\end{bmatrix},$$

$$\boldsymbol{BC}=\begin{bmatrix}7 & 4\\ 9 & 5\end{bmatrix}\begin{bmatrix}0 & 0\\ 0 & 1\end{bmatrix}=\begin{bmatrix}0 & 4\\ 0 & 5\end{bmatrix}.$$

由例 5 可以看出,$\boldsymbol{AC}=\boldsymbol{BC}$,但 $\boldsymbol{A} \neq \boldsymbol{B}$.

结论 2.3　矩阵的乘法不满足消去率.

例 6　设 $\boldsymbol{A}=\begin{bmatrix}1 & 2 & 3\\ 2 & -1 & 0\end{bmatrix}$,$\boldsymbol{E}$ 是三阶单位方阵,求 $\boldsymbol{AE}$.

解　根据矩阵乘法法则,可得

$$\boldsymbol{AE}=\begin{bmatrix}1 & 2 & 3\\ 2 & -1 & 0\end{bmatrix}\begin{bmatrix}1 & 0 & 0\\ 0 & 1 & 0\\ 0 & 0 & 1\end{bmatrix}=\begin{bmatrix}1 & 2 & 3\\ 2 & -1 & 0\end{bmatrix}=\boldsymbol{A}.$$

单位方阵 $\boldsymbol{E}$ 在矩阵乘法中的作用与实数乘法中的“1”类似.在保证矩阵乘法有意义的情况下,$\boldsymbol{AE}=\boldsymbol{EA}=\boldsymbol{A}$(请读者自行验证).

矩阵的乘法满足:

(1) $(\boldsymbol{AB})\boldsymbol{C}=\boldsymbol{A}(\boldsymbol{BC})=\boldsymbol{ABC}$;

(2) $k(\boldsymbol{AB})=(k\boldsymbol{A})\boldsymbol{B}$;

(3) $(\boldsymbol{A}+\boldsymbol{B})\boldsymbol{C}=\boldsymbol{AC}+\boldsymbol{BC}$, $\boldsymbol{A}(\boldsymbol{B}+\boldsymbol{C})=\boldsymbol{AB}+\boldsymbol{AC}$.

有了矩阵的乘法,我们来讨论方程组:

$$\begin{cases}a_{11}x_1+a_{12}x_2+\cdots+a_{1n}x_n=b_1,\\ a_{21}x_1+a_{22}x_2+\cdots+a_{2n}x_n=b_2,\\ \vdots\\ a_{m1}x_1+a_{m2}x_2+\cdots+a_{mn}x_n=b_m.\end{cases}$$

若令

$$\boldsymbol{A}=\begin{bmatrix}a_{11} & a_{12} & \cdots & a_{1n}\\ a_{21} & a_{22} & \cdots & a_{2n}\\ \vdots & \vdots & & \vdots\\ a_{m1} & a_{m2} & \cdots & a_{mn}\end{bmatrix},\quad \boldsymbol{x}=\begin{bmatrix}x_1\\ x_2\\ \vdots\\ x_n\end{bmatrix},\quad \boldsymbol{b}=\begin{bmatrix}b_1\\ b_2\\ \vdots\\ b_m\end{bmatrix},$$

则不难验证,方程组可以写成

$$\boldsymbol{A}\boldsymbol{x}=\boldsymbol{b}.$$

这种写法不仅简捷方便,而且可以让我们利用矩阵的理论和方法讨论线性方程组.

五、方阵的幂

设 $\boldsymbol{A}$ 是方阵,定义方阵 $\boldsymbol{A}$ 的幂为

$$\boldsymbol{A}^n=\overbrace{\boldsymbol{A}\boldsymbol{A}\cdots\boldsymbol{A}}^{n\text{个}},$$

其中 n 为正整数,即 $\boldsymbol{A}^n$ 表示 n 个 $\boldsymbol{A}$ 连乘的结果.根据两个矩阵可乘的条件,只有方阵的乘幂才有意义.

令 $f(x)=a_0x^m+a_1x^{m-1}+\cdots+a_{m-1}x+a_m$,则

$$f(\boldsymbol{A})=a_0\boldsymbol{A}^m+a_1\boldsymbol{A}^{m-1}+\cdots+a_{m-1}\boldsymbol{A}+a_m\boldsymbol{E}.$$

例 7 设 $\boldsymbol{A}=\begin{bmatrix}1&0\\1&2\end{bmatrix}$,且 $f(x)=x^2+2x+3$,求 $f(\boldsymbol{A})$.

解 因为 $\boldsymbol{A}^2=\begin{bmatrix}1&0\\1&2\end{bmatrix}\begin{bmatrix}1&0\\1&2\end{bmatrix}=\begin{bmatrix}1&0\\3&4\end{bmatrix}$,所以

$$f(\boldsymbol{A})=\boldsymbol{A}^2+2\boldsymbol{A}+3\boldsymbol{E}=\begin{bmatrix}1&0\\3&4\end{bmatrix}+\begin{bmatrix}2&0\\2&4\end{bmatrix}+\begin{bmatrix}3&0\\0&3\end{bmatrix}=\begin{bmatrix}6&0\\5&11\end{bmatrix}.$$

六、矩阵的转置

把矩阵 $\boldsymbol{A}$ 的每一行元素放在对应次序列的位置构造出的新矩阵称为矩阵 $\boldsymbol{A}$ 的转置,记为 $\boldsymbol{A}^{\mathrm{T}}$.即若

$$\boldsymbol{A}=\begin{bmatrix}a_{11}&a_{12}&\cdots&a_{1n}\\a_{21}&a_{22}&\cdots&a_{2n}\\\vdots&\vdots&&\vdots\\a_{m1}&a_{m2}&\cdots&a_{mn}\end{bmatrix},\quad\text{则}\quad\boldsymbol{A}^{\mathrm{T}}=\begin{bmatrix}a_{11}&a_{21}&\cdots&a_{m1}\\a_{12}&a_{22}&\cdots&a_{m2}\\\vdots&\vdots&&\vdots\\a_{1n}&a_{2n}&\cdots&a_{mn}\end{bmatrix}.$$

显然,若 $\boldsymbol{A}$ 是 m 行 n 列的矩阵,则 $\boldsymbol{A}^{\mathrm{T}}$ 是 n 行 m 列的矩阵.

矩阵的转置满足下列运算律(假设运算都是可行的):

(1) $(\boldsymbol{A}^{\mathrm{T}})^{\mathrm{T}}=\boldsymbol{A}$;

(2) $(\boldsymbol{A}+\boldsymbol{B})^{\mathrm{T}}=\boldsymbol{A}^{\mathrm{T}}+\boldsymbol{B}^{\mathrm{T}}$;

(3) $(\boldsymbol{A}\boldsymbol{B})^{\mathrm{T}}=\boldsymbol{B}^{\mathrm{T}}\boldsymbol{A}^{\mathrm{T}}$.

这里只证运算律(3) 成立.设

$$A=(a_{ij})_{m\times s},\quad B=(b_{ij})_{s\times n}.$$

首先，$(AB)^{T}$ 和 $B^{T}A^{T}$ 都是 $n\times m$ 矩阵，所以只需要说明它们对应位置的元素相同即可.由转置的定义，$(AB)^{T}$ 的第 i 行第 j 列元素就是矩阵 AB 的第 j 行第 i 列元素，即 A 的第 j 行与 B 的第 i 列对应元素乘积之和，即

$$a_{j1}b_{1i}+a_{j2}b_{2i}+\cdots+a_{js}b_{si}.$$

其次，$B^{T}A^{T}$ 的第 i 行第 j 列元素就是 B^{T} 的第 i 行和 A^{T} 的第 j 列对应元素乘积之和，也就是 B 的第 i 列和 A 的第 j 行对应元素乘积之和，即

$$b_{1i}a_{j1}+b_{2i}a_{j2}+\cdots+b_{si}a_{js}.$$

比较上面两式可知，$(AB)^{T}$ 和 $B^{T}A^{T}$ 对应位置元素相同，故 $(AB)^{T}=B^{T}A^{T}$.

七、方阵的行列式

设 n 阶方阵

$$A=\begin{bmatrix}a_{11}&a_{12}&\cdots&a_{1n}\\a_{21}&a_{22}&\cdots&a_{2n}\\\vdots&\vdots&&\vdots\\a_{n1}&a_{n2}&\cdots&a_{nn}\end{bmatrix},$$

则称由方阵 A 的元素按照原来的位置构成的行列式为**方阵 A 的行列式**，记为 $|A|$ 或 $\det A$，即

$$|A|=\begin{vmatrix}a_{11}&a_{12}&\cdots&a_{1n}\\a_{21}&a_{22}&\cdots&a_{2n}\\\vdots&\vdots&&\vdots\\a_{n1}&a_{n2}&\cdots&a_{nn}\end{vmatrix}.$$

n 阶方阵的行列式满足：

(1) $|A|=|A^{T}|$；

(2) $|kA|=k^{n}|A|\ (k\in\mathbf{R})$；

(3) $|AB|=|A|\cdot|B|$.

这里只证明(2).设

$$A=\begin{bmatrix}a_{11}&a_{12}&\cdots&a_{1n}\\a_{21}&a_{22}&\cdots&a_{2n}\\\vdots&\vdots&&\vdots\\a_{n1}&a_{n2}&\cdots&a_{nn}\end{bmatrix},\quad 则\quad kA=\begin{bmatrix}ka_{11}&ka_{12}&\cdots&ka_{1n}\\ka_{21}&ka_{22}&\cdots&ka_{2n}\\\vdots&\vdots&&\vdots\\ka_{n1}&ka_{n2}&\cdots&ka_{nn}\end{bmatrix},$$

根据行列式的性质，若某一行有公因子 k，则此公因子可以提至行列式外，因此

$$|k\boldsymbol{A}|=\begin{vmatrix} ka_{11} & ka_{12} & \cdots & ka_{1n} \\ ka_{21} & ka_{22} & \cdots & ka_{2n} \\ \vdots & \vdots & & \vdots \\ ka_{n1} & ka_{n2} & \cdots & ka_{nn} \end{vmatrix}=k^n\begin{vmatrix} a_{11} & a_{12} & \cdots & a_{1n} \\ a_{21} & a_{22} & \cdots & a_{2n} \\ \vdots & \vdots & & \vdots \\ a_{n1} & a_{n2} & \cdots & a_{nn} \end{vmatrix}$$

$$=k^n|\boldsymbol{A}|.$$

请读者从中体会矩阵运算与行列式运算的不同之处.

例 8 设

$$\boldsymbol{A}=\begin{bmatrix} 1 & 2 & 3 \\ 2 & 2 & 1 \\ 3 & 4 & 3 \end{bmatrix},\quad \boldsymbol{B}=\begin{bmatrix} 1 & 1 & 0 \\ 1 & 0 & 1 \\ 0 & 1 & 1 \end{bmatrix},$$

求：(1) $(\boldsymbol{AB})^{\mathrm{T}}$；(2) $|2\boldsymbol{A}|$；(3) $|\boldsymbol{AB}|$.

解 (1) $(\boldsymbol{AB})^{\mathrm{T}}=\boldsymbol{B}^{\mathrm{T}}\boldsymbol{A}^{\mathrm{T}}=\begin{bmatrix} 1 & 1 & 0 \\ 1 & 0 & 1 \\ 0 & 1 & 1 \end{bmatrix}\begin{bmatrix} 1 & 2 & 3 \\ 2 & 2 & 4 \\ 3 & 1 & 3 \end{bmatrix}=\begin{bmatrix} 3 & 4 & 7 \\ 4 & 3 & 6 \\ 5 & 3 & 7 \end{bmatrix}$；

(2) $|2\boldsymbol{A}|=2^3\begin{vmatrix} 1 & 2 & 3 \\ 2 & 2 & 1 \\ 3 & 4 & 3 \end{vmatrix}=16$；

(3) $|\boldsymbol{AB}|=|\boldsymbol{A}|\cdot|\boldsymbol{B}|=2\times(-2)=-4$.

第三节　逆矩阵

上一节介绍了矩阵的加(减)法、数乘、乘法等运算，那么矩阵是否有除法运算呢？我们知道，在实数运算中，若 $ax=b$ 且 $a\neq 0$，则有 $x=\dfrac{b}{a}$ 或 $x=a^{-1}b$.那么在矩阵运算中，若 $\boldsymbol{AX}=\boldsymbol{B}$ 且 $\boldsymbol{A}\neq\boldsymbol{O}$，由于 $\boldsymbol{A}$ 不表示一个数值，应该如何求出满足条件的矩阵 $\boldsymbol{X}$ 呢？

定义 2.4 设 $\boldsymbol{A}$ 是一个 n 阶方阵，若存在一个 n 阶方阵 $\boldsymbol{B}$，使得 $\boldsymbol{AB}=\boldsymbol{BA}=\boldsymbol{E}$，则称 $\boldsymbol{A}$ 可逆，并称矩阵 $\boldsymbol{B}$ 为 $\boldsymbol{A}$ 的逆矩阵，简称为 $\boldsymbol{A}$ 的逆，记为 $\boldsymbol{A}^{-1}$，即 $\boldsymbol{B}=\boldsymbol{A}^{-1}$.

根据可逆矩阵的定义，可得如下结论：

(1) 单位方阵 $\boldsymbol{E}$ 的逆矩阵是它本身(这是因为 $\boldsymbol{EE}=\boldsymbol{EE}=\boldsymbol{E}$).

(2) 设 $\lambda_1,\lambda_2,\cdots,\lambda_n$ 全不为零，则对角方阵 $\mathrm{diag}(\lambda_1,\lambda_2,\cdots,\lambda_n)$ 可逆，且

$$\begin{bmatrix}\lambda_1 & & & \\ & \lambda_2 & & \\ & & \ddots & \\ & & & \lambda_n\end{bmatrix}^{-1}=\begin{bmatrix}1/\lambda_1 & & & \\ & 1/\lambda_2 & & \\ & & \ddots & \\ & & & 1/\lambda_n\end{bmatrix}.$$

(3) 方阵不一定可逆,若可逆,其逆唯一.

关于结论(3),简单证明如下:

假设 $\boldsymbol{B},\boldsymbol{C}$ 都是矩阵 $\boldsymbol{A}$ 的逆,即 $\boldsymbol{AB}=\boldsymbol{BA}=\boldsymbol{E}$,且 $\boldsymbol{AC}=\boldsymbol{CA}=\boldsymbol{E}$,则

$$\boldsymbol{B}=\boldsymbol{BE}=\boldsymbol{B}(\boldsymbol{AC})=(\boldsymbol{BA})\boldsymbol{C}=\boldsymbol{EC}=\boldsymbol{C},$$

即 $\boldsymbol{B}=\boldsymbol{C}$

n 阶方阵的逆矩阵满足下列运算性质:

(1) $\boldsymbol{AA}^{-1}=\boldsymbol{A}^{-1}\boldsymbol{A}=\boldsymbol{E}$;

(2) $(k\boldsymbol{A})^{-1}=\dfrac{1}{k}\boldsymbol{A}^{-1}$;

(3) $(\boldsymbol{A}^{-1})^{-1}=\boldsymbol{A}$,即 $\boldsymbol{A}$ 和 $\boldsymbol{A}^{-1}$ 互逆;

(4) $(\boldsymbol{AB})^{-1}=\boldsymbol{B}^{-1}\boldsymbol{A}^{-1}$;

(5) $|\boldsymbol{A}|\cdot|\boldsymbol{A}^{-1}|=1$,即方阵 $\boldsymbol{A}$ 的行列式与方阵 $\boldsymbol{A}^{-1}$ 的行列式互为倒数.

关于运算性质(5),简单证明如下:

因为 $\boldsymbol{AA}^{-1}=\boldsymbol{E}$,而 $|\boldsymbol{AA}^{-1}|=|\boldsymbol{A}|\cdot|\boldsymbol{A}^{-1}|$,所以

$$|\boldsymbol{A}|\cdot|\boldsymbol{A}^{-1}|=|\boldsymbol{E}|=1.$$

在研究逆矩阵的求法之前,先引入伴随矩阵的概念.

设

$$\boldsymbol{A}=\begin{bmatrix}a_{11} & a_{12} & \cdots & a_{1n}\\ a_{21} & a_{22} & \cdots & a_{2n}\\ \vdots & \vdots & & \vdots\\ a_{n1} & a_{n2} & \cdots & a_{nn}\end{bmatrix},$$

把 $\boldsymbol{A}$ 中第 i 行各个元素的代数余子式按次序放在第 i 列($i=1,2,\cdots,n$)对应位置上,构造出的新矩阵称为方阵 $\boldsymbol{A}$ 的伴随矩阵,记为 $\boldsymbol{A}^*$,即

$$\boldsymbol{A}^*=\begin{bmatrix}A_{11} & A_{21} & \cdots & A_{n1}\\ A_{12} & A_{22} & \cdots & A_{n2}\\ \vdots & \vdots & & \vdots\\ A_{1n} & A_{2n} & \cdots & A_{nn}\end{bmatrix}.$$

定理 2.1　设 $\boldsymbol{A}$ 是 n 阶方阵,$\boldsymbol{A}^*$ 是 $\boldsymbol{A}$ 的伴随矩阵,则

$$AA^* = A^*A = |A|E.$$

证明 因为

$$AA^* = \begin{bmatrix} a_{11} & a_{12} & \cdots & a_{1n} \\ a_{21} & a_{22} & \cdots & a_{2n} \\ \vdots & \vdots & & \vdots \\ a_{n1} & a_{n2} & \cdots & a_{nn} \end{bmatrix} \begin{bmatrix} A_{11} & A_{21} & \cdots & A_{n1} \\ A_{12} & A_{22} & \cdots & A_{n2} \\ \vdots & \vdots & & \vdots \\ A_{1n} & A_{2n} & \cdots & A_{nn} \end{bmatrix}$$

$$= \begin{bmatrix} a_{11}A_{11} + a_{12}A_{12} + \cdots + a_{1n}A_{1n} & \cdots & a_{11}A_{n1} + a_{12}A_{n2} + \cdots + a_{1n}A_{nn} \\ a_{21}A_{11} + a_{22}A_{12} + \cdots + a_{2n}A_{1n} & \cdots & a_{21}A_{n1} + a_{22}A_{n2} + \cdots + a_{2n}A_{nn} \\ \vdots & & \vdots \\ a_{n1}A_{11} + a_{n2}A_{12} + \cdots + a_{nn}A_{1n} & \cdots & a_{n1}A_{n1} + a_{n2}A_{n2} + \cdots + a_{nn}A_{nn} \end{bmatrix}$$

$$= \begin{bmatrix} |A| & 0 & \cdots & 0 \\ 0 & |A| & \cdots & 0 \\ \vdots & \vdots & & \vdots \\ 0 & 0 & \cdots & |A| \end{bmatrix} = |A| \begin{bmatrix} 1 & 0 & \cdots & 0 \\ 0 & 1 & \cdots & 0 \\ \vdots & \vdots & & \vdots \\ 0 & 0 & \cdots & 1 \end{bmatrix}$$

$$= |A|E,$$

同理可得 $A^*A = |A|E$，所以

$$AA^* = A^*A = |A|E.$$

由可逆的定义，要求 A^{-1}，实际上就是要求满足等式 $AB = BA = E$ 的矩阵 B. 如果 $|A| \neq 0$，等式 $AA^* = |A|E$ 两边同时除以 $|A|$，可得 $A\dfrac{A^*}{|A|} = E$，即 A 可逆，且 $A^{-1} = \dfrac{A^*}{|A|}$；反之，若 A 可逆，由 $|A| \cdot |A^{-1}| = 1$ 可知 $|A| \neq 0$. 于是得到下面的定理.

定理 2.2 方阵 A 可逆的充分必要条件是 $|A| \neq 0$，且当 $|A| \neq 0$ 时，

$$A^{-1} = \frac{A^*}{|A|}.$$

例 1 判断 $A = \begin{bmatrix} 2 & 1 \\ 5 & 3 \end{bmatrix}$ 是否可逆；若可逆，求其逆.

解 因为

$$|A| = \begin{vmatrix} 2 & 1 \\ 5 & 3 \end{vmatrix} = 1 \neq 0,$$

由矩阵可逆的充分必要条件知，矩阵 A 可逆. 又

$$A^* = \begin{bmatrix} A_{11} & A_{21} \\ A_{12} & A_{22} \end{bmatrix} = \begin{bmatrix} 3 & -1 \\ -5 & 2 \end{bmatrix},$$

所以

$$\boldsymbol{A}^{-1}=\frac{\boldsymbol{A}^{*}}{|\boldsymbol{A}|}=\begin{bmatrix}3 & -1\\ -5 & 2\end{bmatrix}.$$

例 2　设 $\boldsymbol{A}=\begin{bmatrix}1 & 2 & 3\\ 2 & 2 & 1\\ 3 & 4 & 3\end{bmatrix}$，判断 $\boldsymbol{A}$ 是否可逆；若可逆，求出 $\boldsymbol{A}^{-1}$.

解　由于

$$|\boldsymbol{A}|=\begin{vmatrix}1 & 2 & 3\\ 2 & 2 & 1\\ 3 & 4 & 3\end{vmatrix}=2\neq 0,$$

由矩阵可逆的充要条件知 $\boldsymbol{A}$ 可逆.又

$$\boldsymbol{A}^{*}=\begin{bmatrix}2 & 6 & -4\\ -3 & -6 & 5\\ 2 & 2 & -2\end{bmatrix},$$

所以

$$\boldsymbol{A}^{-1}=\frac{\boldsymbol{A}^{*}}{|\boldsymbol{A}|}=\begin{bmatrix}1 & 3 & -2\\ -\frac{3}{2} & -3 & \frac{5}{2}\\ 1 & 1 & -1\end{bmatrix}.$$

例 3　解方程组 $\boldsymbol{Ax}=\boldsymbol{b}$，其中

$$\boldsymbol{A}=\begin{bmatrix}1 & 2 & 3\\ 2 & 2 & 1\\ 3 & 4 & 3\end{bmatrix},\quad \boldsymbol{b}=\begin{bmatrix}2\\ 2\\ 4\end{bmatrix}.$$

解　由上例可知 $\boldsymbol{A}$ 可逆.将 $\boldsymbol{Ax}=\boldsymbol{b}$ 两边同时左乘 $\boldsymbol{A}^{-1}$，得

$$\boldsymbol{x}=\boldsymbol{A}^{-1}\boldsymbol{b},$$

所以

$$\boldsymbol{x}=\boldsymbol{A}^{-1}\boldsymbol{b}=\frac{\boldsymbol{A}^{*}}{|\boldsymbol{A}|}\boldsymbol{b}=\frac{1}{2}\begin{bmatrix}2 & 6 & -4\\ -3 & -6 & 5\\ 2 & 2 & -2\end{bmatrix}\begin{bmatrix}2\\ 2\\ 4\end{bmatrix}=\begin{bmatrix}0\\ 1\\ 0\end{bmatrix}.$$

例 4 设 $\boldsymbol{A}$ 为三阶方阵，且 $|\boldsymbol{A}|=\frac{1}{2}$，求 $|(2\boldsymbol{A})^{-1}-5\boldsymbol{A}^*|$.

解 由 $|k\boldsymbol{A}|=k^n|\boldsymbol{A}|\ (k\in\mathbf{R})$ 和 $\boldsymbol{A}^{-1}=\frac{\boldsymbol{A}^*}{|\boldsymbol{A}|}$，得

$$\begin{aligned}|(2\boldsymbol{A})^{-1}-5\boldsymbol{A}^*| &= \left|\frac{1}{2}\boldsymbol{A}^{-1}-5\cdot\frac{1}{2}\boldsymbol{A}^{-1}\right|=|-2\boldsymbol{A}^{-1}|\\ &=(-2)^3|\boldsymbol{A}^{-1}|=(-2)^3\frac{1}{|\boldsymbol{A}|}\\ &=(-2)^3\cdot 2=-16.\end{aligned}$$

推论 2.1 设 $\boldsymbol{A},\boldsymbol{B}$ 都是 n 阶方阵，若 $\boldsymbol{AB}=\boldsymbol{E}$，则 $\boldsymbol{A}$ 可逆，且 $\boldsymbol{B}=\boldsymbol{A}^{-1}$.

证明 若 $\boldsymbol{AB}=\boldsymbol{E}$，则 $|\boldsymbol{AB}|=|\boldsymbol{E}|$，由方阵行列式的性质可知

$$|\boldsymbol{A}||\boldsymbol{B}|=|\boldsymbol{E}|=1,$$

因此 $|\boldsymbol{A}|\neq 0$，再由方阵可逆的充分必要条件可知方阵 $\boldsymbol{A}$ 可逆，即 $\boldsymbol{A}^{-1}$ 存在. 于是，在等式 $\boldsymbol{AB}=\boldsymbol{E}$ 的两边同时左乘 $\boldsymbol{A}^{-1}$，得 $\boldsymbol{A}^{-1}\boldsymbol{AB}=\boldsymbol{A}^{-1}\boldsymbol{E}$，即 $\boldsymbol{B}=\boldsymbol{A}^{-1}$.

此推论的意义在于，当我们在说明矩阵 $\boldsymbol{A}$ 是否可逆并且验证矩阵 $\boldsymbol{B}$ 是否为 $\boldsymbol{A}$ 的逆矩阵时，只要进行一次矩阵乘法运算就够了，而不需要用定义进行两次乘法运算.

例 5 设 n 阶方阵 $\boldsymbol{A}$ 满足 $\boldsymbol{A}^2-5\boldsymbol{A}+3\boldsymbol{E}=\boldsymbol{O}$.

(1) 证明 $\boldsymbol{A}$ 可逆，并求出 $\boldsymbol{A}^{-1}$；

(2) 证明 $\boldsymbol{A}-\boldsymbol{E}$ 可逆，并求出 $(\boldsymbol{A}-\boldsymbol{E})^{-1}$.

解 (1) 把等式 $\boldsymbol{A}^2-5\boldsymbol{A}+3\boldsymbol{E}=\boldsymbol{O}$ 变形得

$$-\frac{1}{3}\boldsymbol{A}^2+\frac{5}{3}\boldsymbol{A}=\boldsymbol{E},$$

即

$$\boldsymbol{A}\left(-\frac{1}{3}\boldsymbol{A}+\frac{5}{3}\boldsymbol{E}\right)=\boldsymbol{E},$$

所以 $\boldsymbol{A}$ 可逆，且

$$\boldsymbol{A}^{-1}=-\frac{1}{3}\boldsymbol{A}+\frac{5}{3}\boldsymbol{E}.$$

(2) 把等式 $\boldsymbol{A}^2-5\boldsymbol{A}+3\boldsymbol{E}=\boldsymbol{O}$ 变形得

$$(\boldsymbol{A}-\boldsymbol{E})(\boldsymbol{A}-4\boldsymbol{E})=\boldsymbol{E},$$

所以 $\boldsymbol{A}-\boldsymbol{E}$ 可逆，且

$$(\boldsymbol{A}-\boldsymbol{E})^{-1}=\boldsymbol{A}-4\boldsymbol{E}.$$

第四节　分块矩阵*

实际中,我们经常会遇到一些阶数较高的矩阵或者结构比较特殊的矩阵,为了便于分析计算,常常使用分块法将大矩阵化为小矩阵进行运算.

定义 2.5　将矩阵 $\boldsymbol{A}$ 用若干条竖线和横线分为若干个小矩阵,每个小矩阵称为矩阵 $\boldsymbol{A}$ 的子块或者子矩阵,以子块为元素的形式上的矩阵称为分块矩阵.

矩阵分块的形式不唯一.例如

$$\boldsymbol{A}=\begin{bmatrix}1&2&3&4\\5&6&7&8\\0&2&4&6\\1&3&5&7\end{bmatrix}$$

可以分为

$$\boldsymbol{A}=\left[\begin{array}{cc|cc}1&2&3&4\\5&6&7&8\\\hline 0&2&4&6\\1&3&5&7\end{array}\right],$$

记为

$$\boldsymbol{A}=\begin{bmatrix}\boldsymbol{A}_{11}&\boldsymbol{A}_{12}\\\boldsymbol{A}_{21}&\boldsymbol{A}_{22}\end{bmatrix},$$

其中

$$\boldsymbol{A}_{11}=\begin{bmatrix}1&2\\5&6\end{bmatrix},\quad \boldsymbol{A}_{12}=\begin{bmatrix}3&4\\7&8\end{bmatrix},\quad \boldsymbol{A}_{21}=\begin{bmatrix}0&2\\1&3\end{bmatrix},\quad \boldsymbol{A}_{22}=\begin{bmatrix}4&6\\5&7\end{bmatrix};$$

也可以分为

$$\boldsymbol{A}=\left[\begin{array}{ccc|c}1&2&3&4\\5&6&7&8\\0&2&4&6\\\hline 1&3&5&7\end{array}\right],\quad \boldsymbol{A}=\left[\begin{array}{cccc}1&2&3&4\\\hline 5&6&7&8\\\hline 0&2&4&6\\\hline 1&3&5&7\end{array}\right]$$

等等.

分块矩阵的运算法则与矩阵的运算法则相似.

1) 分块矩阵的加(减)法

设矩阵 $\boldsymbol{A}$ 和 $\boldsymbol{B}$ 的行数、列数分别对应相同，而且具有相同的分块方法，即

$$\boldsymbol{A}=\begin{bmatrix}\boldsymbol{A}_{11} & \boldsymbol{A}_{12} & \cdots & \boldsymbol{A}_{1r}\\ \boldsymbol{A}_{21} & \boldsymbol{A}_{22} & \cdots & \boldsymbol{A}_{2r}\\ \vdots & \vdots & & \vdots\\ \boldsymbol{A}_{s1} & \boldsymbol{A}_{s2} & \cdots & \boldsymbol{A}_{sr}\end{bmatrix},\quad \boldsymbol{B}=\begin{bmatrix}\boldsymbol{B}_{11} & \boldsymbol{B}_{12} & \cdots & \boldsymbol{B}_{1r}\\ \boldsymbol{B}_{21} & \boldsymbol{B}_{22} & \cdots & \boldsymbol{B}_{2r}\\ \vdots & \vdots & & \vdots\\ \boldsymbol{B}_{s1} & \boldsymbol{B}_{s2} & \cdots & \boldsymbol{B}_{sr}\end{bmatrix},$$

其中 $\boldsymbol{A}_{ij}$ 与 $\boldsymbol{B}_{ij}$ 的行数、列数分别对应相同，则

$$\boldsymbol{A}+\boldsymbol{B}=\begin{bmatrix}\boldsymbol{A}_{11}+\boldsymbol{B}_{11} & \boldsymbol{A}_{12}+\boldsymbol{B}_{12} & \cdots & \boldsymbol{A}_{1r}+\boldsymbol{B}_{1r}\\ \boldsymbol{A}_{21}+\boldsymbol{B}_{21} & \boldsymbol{A}_{22}+\boldsymbol{B}_{22} & \cdots & \boldsymbol{A}_{2r}+\boldsymbol{B}_{2r}\\ \vdots & \vdots & & \vdots\\ \boldsymbol{A}_{s1}+\boldsymbol{B}_{s1} & \boldsymbol{A}_{s2}+\boldsymbol{B}_{s2} & \cdots & \boldsymbol{A}_{sr}+\boldsymbol{B}_{sr}\end{bmatrix}.$$

2）分块矩阵的数乘

设 $\boldsymbol{A}=\begin{bmatrix}\boldsymbol{A}_{11} & \boldsymbol{A}_{12} & \cdots & \boldsymbol{A}_{1r}\\ \boldsymbol{A}_{21} & \boldsymbol{A}_{22} & \cdots & \boldsymbol{A}_{2r}\\ \vdots & \vdots & & \vdots\\ \boldsymbol{A}_{s1} & \boldsymbol{A}_{s2} & \cdots & \boldsymbol{A}_{sr}\end{bmatrix}$，$k\in\mathbf{R}$，则

$$k\boldsymbol{A}=\begin{bmatrix}k\boldsymbol{A}_{11} & k\boldsymbol{A}_{12} & \cdots & k\boldsymbol{A}_{1r}\\ k\boldsymbol{A}_{21} & k\boldsymbol{A}_{22} & \cdots & k\boldsymbol{A}_{2r}\\ \vdots & \vdots & & \vdots\\ k\boldsymbol{A}_{s1} & k\boldsymbol{A}_{s2} & \cdots & k\boldsymbol{A}_{sr}\end{bmatrix}.$$

3）分块矩阵的乘法

设矩阵 $\boldsymbol{A}_{m\times l}$，$\boldsymbol{B}_{l\times n}$，将 $\boldsymbol{A}$ 和 $\boldsymbol{B}$ 分块为

$$\boldsymbol{A}=\begin{bmatrix}\boldsymbol{A}_{11} & \boldsymbol{A}_{12} & \cdots & \boldsymbol{A}_{1t}\\ \boldsymbol{A}_{21} & \boldsymbol{A}_{22} & \cdots & \boldsymbol{A}_{2t}\\ \vdots & \vdots & & \vdots\\ \boldsymbol{A}_{s1} & \boldsymbol{A}_{s2} & \cdots & \boldsymbol{A}_{st}\end{bmatrix},\quad \boldsymbol{B}=\begin{bmatrix}\boldsymbol{B}_{11} & \boldsymbol{B}_{12} & \cdots & \boldsymbol{B}_{1r}\\ \boldsymbol{B}_{21} & \boldsymbol{B}_{22} & \cdots & \boldsymbol{B}_{2r}\\ \vdots & \vdots & & \vdots\\ \boldsymbol{B}_{t1} & \boldsymbol{B}_{t2} & \cdots & \boldsymbol{B}_{tr}\end{bmatrix},$$

其中，$\boldsymbol{A}_{i1},\boldsymbol{A}_{i2},\cdots,\boldsymbol{A}_{it}(i=1,2,\cdots,s)$ 的列数分别等于 $\boldsymbol{B}_{1j},\boldsymbol{B}_{2j},\cdots,\boldsymbol{B}_{tj}(j=1,2,\cdots,r)$ 的行数，则

$$\boldsymbol{AB}=\begin{bmatrix}\boldsymbol{C}_{11} & \boldsymbol{C}_{12} & \cdots & \boldsymbol{C}_{1r}\\ \boldsymbol{C}_{21} & \boldsymbol{C}_{22} & \cdots & \boldsymbol{C}_{2r}\\ \vdots & \vdots & & \vdots\\ \boldsymbol{C}_{s1} & \boldsymbol{C}_{s2} & \cdots & \boldsymbol{C}_{sr}\end{bmatrix},$$

其中

$$\begin{aligned}\boldsymbol{C}_{ij} &= \boldsymbol{A}_{i1}\boldsymbol{B}_{1j}+\boldsymbol{A}_{i2}\boldsymbol{B}_{2j}+\cdots+\boldsymbol{A}_{it}\boldsymbol{B}_{tj}\\ &= \sum_{k=1}^{t}\boldsymbol{A}_{ik}\boldsymbol{B}_{kj}\quad(i=1,2,\cdots,s;j=1,2,\cdots,r).\end{aligned}$$

例 1　设 $\boldsymbol{A}=\begin{bmatrix}1&0&0&0\\0&1&0&0\\-1&2&1&0\\1&1&0&1\end{bmatrix}$，$\boldsymbol{B}=\begin{bmatrix}1&0&1&0\\-1&2&0&1\\1&0&4&1\\-1&-1&2&0\end{bmatrix}$，求 $\boldsymbol{AB}$.

解　把 $\boldsymbol{A}$，$\boldsymbol{B}$ 分块为

$$\boldsymbol{A}=\left[\begin{array}{cc:cc}1&0&0&0\\0&1&0&0\\\hdashline -1&2&1&0\\1&1&0&1\end{array}\right]=\begin{bmatrix}\boldsymbol{E}&\boldsymbol{O}\\\boldsymbol{A}_1&\boldsymbol{E}\end{bmatrix},$$

$$\boldsymbol{B}=\left[\begin{array}{cc:cc}1&0&1&0\\-1&2&0&1\\\hdashline 1&0&4&1\\-1&-1&2&0\end{array}\right]=\begin{bmatrix}\boldsymbol{B}_{11}&\boldsymbol{E}\\\boldsymbol{B}_{21}&\boldsymbol{B}_{22}\end{bmatrix},$$

则

$$\boldsymbol{AB}=\begin{bmatrix}\boldsymbol{E}&\boldsymbol{O}\\\boldsymbol{A}_1&\boldsymbol{E}\end{bmatrix}\begin{bmatrix}\boldsymbol{B}_{11}&\boldsymbol{E}\\\boldsymbol{B}_{21}&\boldsymbol{B}_{22}\end{bmatrix}=\begin{bmatrix}\boldsymbol{B}_{11}&\boldsymbol{E}\\\boldsymbol{A}_1\boldsymbol{B}_{11}+\boldsymbol{B}_{21}&\boldsymbol{A}_1+\boldsymbol{B}_{22}\end{bmatrix}.$$

又

$$\boldsymbol{A}_1\boldsymbol{B}_{11}+\boldsymbol{B}_{21}=\begin{bmatrix}-1&2\\1&1\end{bmatrix}\begin{bmatrix}1&0\\-1&2\end{bmatrix}+\begin{bmatrix}1&0\\-1&-1\end{bmatrix}=\begin{bmatrix}-2&4\\-1&1\end{bmatrix},$$

$$\boldsymbol{A}_1+\boldsymbol{B}_{22}=\begin{bmatrix}-1&2\\1&1\end{bmatrix}+\begin{bmatrix}4&1\\2&0\end{bmatrix}=\begin{bmatrix}3&3\\3&1\end{bmatrix},$$

所以

$$\boldsymbol{AB}=\begin{bmatrix}1&0&1&0\\-1&2&0&1\\-2&4&3&3\\-1&1&3&1\end{bmatrix}.$$

4）分块矩阵的转置

设 $\boldsymbol{A}=\begin{bmatrix}\boldsymbol{A}_{11} & \boldsymbol{A}_{12} & \cdots & \boldsymbol{A}_{1t}\\ \boldsymbol{A}_{21} & \boldsymbol{A}_{22} & \cdots & \boldsymbol{A}_{2t}\\ \vdots & \vdots & & \vdots\\ \boldsymbol{A}_{s1} & \boldsymbol{A}_{s2} & \cdots & \boldsymbol{A}_{st}\end{bmatrix}$,则 $\boldsymbol{A}^{\mathrm{T}}=\begin{bmatrix}\boldsymbol{A}_{11}^{\mathrm{T}} & \boldsymbol{A}_{21}^{\mathrm{T}} & \cdots & \boldsymbol{A}_{s1}^{\mathrm{T}}\\ \boldsymbol{A}_{12}^{\mathrm{T}} & \boldsymbol{A}_{22}^{\mathrm{T}} & \cdots & \boldsymbol{A}_{s2}^{\mathrm{T}}\\ \vdots & \vdots & & \vdots\\ \boldsymbol{A}_{1t}^{\mathrm{T}} & \boldsymbol{A}_{2t}^{\mathrm{T}} & \cdots & \boldsymbol{A}_{st}^{\mathrm{T}}\end{bmatrix}$.

5）分块矩阵的行列式

设 $\boldsymbol{A}$ 是 m 阶方阵,$\boldsymbol{B}$ 是 n 阶方阵,则

$$\begin{vmatrix}\boldsymbol{A} & \boldsymbol{O}\\ \boldsymbol{O} & \boldsymbol{B}\end{vmatrix}=\begin{vmatrix}\boldsymbol{A} & \boldsymbol{O}\\ \boldsymbol{C} & \boldsymbol{B}\end{vmatrix}=\begin{vmatrix}\boldsymbol{A} & \boldsymbol{C}\\ \boldsymbol{O} & \boldsymbol{B}\end{vmatrix}=|\boldsymbol{A}||\boldsymbol{B}|,$$

且

$$\begin{vmatrix}\boldsymbol{O} & \boldsymbol{A}\\ \boldsymbol{B} & \boldsymbol{O}\end{vmatrix}=\begin{vmatrix}\boldsymbol{O} & \boldsymbol{A}\\ \boldsymbol{B} & \boldsymbol{C}\end{vmatrix}=\begin{vmatrix}\boldsymbol{C} & \boldsymbol{A}\\ \boldsymbol{B} & \boldsymbol{O}\end{vmatrix}=(-1)^{mn}|\boldsymbol{A}||\boldsymbol{B}|.$$

6）分块矩阵的逆矩阵

设 $\boldsymbol{A}$ 是 n 阶方阵,且

$$\boldsymbol{A}=\begin{bmatrix}\boldsymbol{A}_1 & & & \\ & \boldsymbol{A}_2 & & \\ & & \ddots & \\ & & & \boldsymbol{A}_s\end{bmatrix},$$

其中 $\boldsymbol{A}_i(i=1,2,\cdots,s)$ 均为可逆方阵(它们阶数可以不同),则

$$\boldsymbol{A}^{-1}=\begin{bmatrix}\boldsymbol{A}_1^{-1} & & & \\ & \boldsymbol{A}_2^{-1} & & \\ & & \ddots & \\ & & & \boldsymbol{A}_s^{-1}\end{bmatrix}.$$

简单证明如下:设

$$\boldsymbol{A}^{-1}=\begin{bmatrix}\boldsymbol{A}_{11} & \boldsymbol{A}_{12} & \cdots & \boldsymbol{A}_{1s}\\ \boldsymbol{A}_{21} & \boldsymbol{A}_{22} & \cdots & \boldsymbol{A}_{2s}\\ \vdots & \vdots & & \vdots\\ \boldsymbol{A}_{s1} & \boldsymbol{A}_{s2} & \cdots & \boldsymbol{A}_{ss}\end{bmatrix},$$

则

$$\boldsymbol{A}\boldsymbol{A}^{-1}=\begin{bmatrix}\boldsymbol{A}_1\boldsymbol{A}_{11} & \boldsymbol{A}_1\boldsymbol{A}_{12} & \cdots & \boldsymbol{A}_1\boldsymbol{A}_{1s}\\ \boldsymbol{A}_2\boldsymbol{A}_{21} & \boldsymbol{A}_2\boldsymbol{A}_{22} & \cdots & \boldsymbol{A}_2\boldsymbol{A}_{2s}\\ \vdots & \vdots & & \vdots\\ \boldsymbol{A}_s\boldsymbol{A}_{s1} & \boldsymbol{A}_s\boldsymbol{A}_{s2} & \cdots & \boldsymbol{A}_s\boldsymbol{A}_{ss}\end{bmatrix}.$$

而

$$AA^{-1}=\begin{bmatrix}E & & & \\ & E & & \\ & & \ddots & \\ & & & E\end{bmatrix},$$

对比得

$$A_1A_{11}=E,\quad A_1A_{12}=O,\quad \cdots,\quad A_1A_{1s}=O,$$

于是

$$A_{11}=A_1^{-1},\quad A_{12}=O,\quad \cdots,\quad A_{1s}=O.$$

同理可得

$$A_{21}=O,\quad A_{22}=A_2^{-1},\quad \cdots,\quad A_{2s}=O,\quad \cdots,$$

即

$$A^{-1}=\begin{bmatrix}A_1^{-1} & & & \\ & A_2^{-1} & & \\ & & \ddots & \\ & & & A_s^{-1}\end{bmatrix}.$$

例 2　设 $A=\begin{bmatrix}2 & 1 & 0 & 0\\ 5 & 3 & 0 & 0\\ 0 & 0 & 3 & 9\\ 0 & 0 & 1 & 4\end{bmatrix}$,求:(1) $|A|$;(2) A^{-1}.

解　(1) 因为$\begin{vmatrix}2 & 1\\ 5 & 3\end{vmatrix}=1$,$\begin{vmatrix}3 & 9\\ 1 & 4\end{vmatrix}=3$,所以

$$|A|=1\times 3=3.$$

(2) $$A^{-1}=\begin{bmatrix}\begin{bmatrix}2 & 1\\ 5 & 3\end{bmatrix}^{-1} & O\\ O & \begin{bmatrix}3 & 9\\ 1 & 4\end{bmatrix}^{-1}\end{bmatrix}=\begin{bmatrix}3 & -1 & 0 & 0\\ -5 & 2 & 0 & 0\\ 0 & 0 & \frac{4}{3} & -3\\ 0 & 0 & -\frac{1}{3} & 1\end{bmatrix}.$$

例 3 设矩阵 $\boldsymbol{M}=\begin{bmatrix} 0 & a_1 & 0 & \cdots & 0 \\ 0 & 0 & a_2 & \cdots & 0 \\ \vdots & \vdots & \vdots & & \vdots \\ 0 & 0 & 0 & \cdots & a_{n-1} \\ a_n & 0 & 0 & \cdots & 0 \end{bmatrix}$,其中 $a_i \neq 0(i=1,2,\cdots,n)$,利用矩阵分块法求 $\boldsymbol{M}^{-1}$.

解 将 $\boldsymbol{M}$ 分块为

$$\boldsymbol{M}=\begin{bmatrix} \boldsymbol{O} & \boldsymbol{A} \\ \boldsymbol{B} & \boldsymbol{O} \end{bmatrix},$$

其中

$$\boldsymbol{A}=\begin{bmatrix} a_1 & & & \\ & a_2 & & \\ & & \ddots & \\ & & & a_{n-1} \end{bmatrix}, \quad \boldsymbol{B}=[a_n].$$

设

$$\boldsymbol{M}^{-1}=\begin{bmatrix} \boldsymbol{M}_{11} & \boldsymbol{M}_{12} \\ \boldsymbol{M}_{21} & \boldsymbol{M}_{22} \end{bmatrix},$$

则

$$\begin{bmatrix} \boldsymbol{O} & \boldsymbol{A} \\ \boldsymbol{B} & \boldsymbol{O} \end{bmatrix}\begin{bmatrix} \boldsymbol{M}_{11} & \boldsymbol{M}_{12} \\ \boldsymbol{M}_{21} & \boldsymbol{M}_{22} \end{bmatrix}=\begin{bmatrix} \boldsymbol{AM}_{21} & \boldsymbol{AM}_{22} \\ \boldsymbol{BM}_{11} & \boldsymbol{BM}_{12} \end{bmatrix}=\begin{bmatrix} \boldsymbol{E} & \boldsymbol{O} \\ \boldsymbol{O} & \boldsymbol{E} \end{bmatrix},$$

对比得

$$\boldsymbol{AM}_{21}=\boldsymbol{E}, \quad \boldsymbol{AM}_{22}=\boldsymbol{O}, \quad \boldsymbol{BM}_{11}=\boldsymbol{O}, \quad \boldsymbol{BM}_{12}=\boldsymbol{E},$$

于是

$$\boldsymbol{M}_{21}=\boldsymbol{A}^{-1}, \quad \boldsymbol{M}_{22}=\boldsymbol{O}, \quad \boldsymbol{M}_{11}=\boldsymbol{O}, \quad \boldsymbol{M}_{12}=\boldsymbol{B}^{-1},$$

所以

$$\boldsymbol{M}^{-1}=\begin{bmatrix} \boldsymbol{O} & \boldsymbol{B}^{-1} \\ \boldsymbol{A}^{-1} & \boldsymbol{O} \end{bmatrix}.$$

而

$$A^{-1}=\begin{bmatrix}\frac{1}{a_1} & & & \\ & \frac{1}{a_2} & & \\ & & \ddots & \\ & & & \frac{1}{a_{n-1}}\end{bmatrix},\quad B^{-1}=\begin{bmatrix}\frac{1}{a_n}\end{bmatrix},$$

故

$$M^{-1}=\begin{bmatrix}0 & 0 & \cdots & 0 & \frac{1}{a_n}\\ \frac{1}{a_1} & 0 & \cdots & 0 & 0\\ 0 & \frac{1}{a_2} & \cdots & 0 & 0\\ \vdots & \vdots & & \vdots & \vdots\\ 0 & 0 & \cdots & \frac{1}{a_{n-1}} & 0\end{bmatrix}.$$

习题二

(A 组)

1. 设 $A=\begin{bmatrix}1 & 2 & 2\\ -1 & 0 & 3\end{bmatrix}$，$B=\begin{bmatrix}a & b & c\\ m & n & p\end{bmatrix}$.

(1) 若 $A=B$，求 $a^2+b^2+c^2$ 的值；

(2) 求 $3A+2B$；

(3) 求 $A^{\mathrm{T}}B$.

2. 计算下列各题：

(1) $\begin{bmatrix}1 & 2 & 3\end{bmatrix}\begin{bmatrix}-1\\ 0\\ 2\end{bmatrix}$；　　(2) $\begin{bmatrix}1 & 0 & 2\\ 0 & 1 & 0\\ 3 & 0 & 1\end{bmatrix}^2$；

(3) $\begin{bmatrix}2 & 1 & 0\\ 1 & 1 & 2\end{bmatrix}\begin{bmatrix}0 & 1 & -1\\ 1 & 2 & 1\\ 3 & 2 & 0\end{bmatrix}$.

3. 设 $A=\begin{bmatrix}2 & 1\\ 1 & 3\end{bmatrix}$，$B=\begin{bmatrix}3 & 4\\ 2 & 3\end{bmatrix}$，通过计算判断下列等式是否成立.

(1) $\boldsymbol{AB}=\boldsymbol{BA}$;

(2) $\boldsymbol{A}^2\cdot\boldsymbol{A}^1=\boldsymbol{A}^3$;

(3) $(\boldsymbol{A}+\boldsymbol{B})(\boldsymbol{A}-\boldsymbol{B})=\boldsymbol{A}^2-\boldsymbol{B}^2$;

(4) $(\boldsymbol{A}-\boldsymbol{B})^2=\boldsymbol{A}^2-2\boldsymbol{AB}+\boldsymbol{B}^2$.

4. 求下列矩阵的逆矩阵:

(1) $\boldsymbol{A}=\begin{bmatrix}2&1\\4&3\end{bmatrix}$;　　(2) $\boldsymbol{A}=\begin{bmatrix}\sin x&\cos x\\-\cos x&\sin x\end{bmatrix}$;

(3) $\boldsymbol{A}=\begin{bmatrix}1&2&-1\\3&4&-2\\5&-4&1\end{bmatrix}$;　　(4) $\boldsymbol{A}=\begin{bmatrix}1&2&3\\2&2&5\\3&5&1\end{bmatrix}$.

5. 解下列矩阵方程:

(1) $\begin{bmatrix}1&2\\3&5\end{bmatrix}\boldsymbol{X}=\begin{bmatrix}3&3\\4&1\end{bmatrix}$;

(2) $\boldsymbol{X}\begin{bmatrix}2&1&-1\\2&1&0\\1&-1&1\end{bmatrix}=\begin{bmatrix}1&-1&3\\4&3&2\end{bmatrix}$;

(3) $\begin{bmatrix}0&1&0\\1&0&0\\0&0&1\end{bmatrix}\boldsymbol{X}\begin{bmatrix}1&0&0\\0&0&1\\0&1&0\end{bmatrix}=\begin{bmatrix}1&-4&3\\2&0&-1\\1&-2&0\end{bmatrix}$.

6. 利用逆矩阵解方程组 $\begin{cases}2x_1+2x_2+3x_3=2,\\x_1-x_2=2,\\-x_1+2x_2+x_3=4.\end{cases}$

7. 设 $\boldsymbol{A}$ 为三阶方阵,且 $|\boldsymbol{A}|=3$,求 $\left|3\boldsymbol{A}^{-1}-\frac{1}{3}\boldsymbol{A}^*\right|$.

(B组)

1. 若 n 阶方阵 $\boldsymbol{A}$ 满足 $\boldsymbol{A}^{\mathrm{T}}=\boldsymbol{A}$,则称方阵 $\boldsymbol{A}$ 为对称方阵.设 $\boldsymbol{A}$,$\boldsymbol{B}$ 都是同阶对称方阵,证明:$\boldsymbol{AB}$ 对称的充分必要条件是 $\boldsymbol{AB}=\boldsymbol{BA}$.

第1题　　第2题

2. 已知 n 阶列矩阵 $\boldsymbol{X}=[x_1\quad x_2\quad\cdots\quad x_n]^{\mathrm{T}}$ 满足 $\boldsymbol{X}^{\mathrm{T}}\boldsymbol{X}=1$,令 $\boldsymbol{E}$ 为 n 阶单位方阵,若 $\boldsymbol{H}=\boldsymbol{E}-2\boldsymbol{XX}^{\mathrm{T}}$,证明:$\boldsymbol{H}$ 是对称矩阵,且 $\boldsymbol{HH}^{\mathrm{T}}=\boldsymbol{E}$.

3. 设 $\boldsymbol{A}=\begin{bmatrix}1&1&0\\0&1&1\\0&0&1\end{bmatrix}$,求 $\boldsymbol{A}^{100}$.

4. 设 $\boldsymbol{A}=\begin{bmatrix}1&0&2\\0&3&0\\4&3&1\end{bmatrix}$,矩阵 $\boldsymbol{X}$ 满足 $\boldsymbol{AX}+\boldsymbol{E}=\boldsymbol{A}^2+\boldsymbol{X}$,求 $\boldsymbol{X}$.

5*. 设 $\boldsymbol{A}=\begin{bmatrix}2&3&0&0\\3&2&0&0\\0&0&3&5\\0&0&2&4\end{bmatrix}$,求 $|\boldsymbol{A}^4|$.

6*. 利用分块法求矩阵 $\boldsymbol{A}=\begin{bmatrix}n&0&0&\cdots&0&0\\0&0&0&\cdots&0&1\\0&0&0&\cdots&2&0\\\vdots&\vdots&\vdots&&\vdots&\vdots\\0&0&n-2&\cdots&0&0\\0&n-1&0&\cdots&0&0\end{bmatrix}$ 的逆矩阵.

第三章　初等变换与线性方程组

中学我们学过一些简单的方程组,利用消元法可以得到这些方程组的唯一解.对于一般的方程组,本章将介绍一般的求解方法 —— 初等变换法.除了解方程组,初等变换法还可以求矩阵和向量组的秩,也可以求出一些高阶矩阵的逆矩阵.

第一节　矩阵的初等变换

任意给定一个方程组

$$\begin{cases} f(x,y)=0, \\ g(x,y)=0, \end{cases} \tag{1}$$

不难发现,对方程组(1) 作如下三种变换所得到的方程组与原方程组是同解的.

(1) 交换两个方程的位置,得到

$$\begin{cases} g(x,y)=0, \\ f(x,y)=0, \end{cases} \tag{2}$$

显然,方程组(2) 与方程组(1) 是同解的.

(2) 把某一个方程两边同时乘以实数 $k(k \neq 0)$,得到

$$\begin{cases} kf(x,y)=0, \\ g(x,y)=0 \end{cases} \quad \text{或} \quad \begin{cases} f(x,y)=0, \\ kg(x,y)=0, \end{cases} \tag{3}$$

方程组(3) 与方程组(1),(2) 是同解的.例如,方程组

$$\begin{cases} x+y=5, \\ x-y=1 \end{cases} \quad \text{与} \quad \begin{cases} x+y=5, \\ 2x-2y=2 \end{cases}$$

是同解的.

(3) 将某一个方程两边同时乘以实数 k 后加至另一个方程的两边,得到

$$\begin{cases} f(x,y)+kg(x,y)=0, \\ g(x,y)=0 \end{cases} \quad \text{或} \quad \begin{cases} f(x,y)=0, \\ kf(x,y)+g(x,y)=0, \end{cases} \tag{4}$$

方程组(4) 与方程组(1) 同解.这是因为,设$\begin{cases} x=x_0, \\ y=y_0 \end{cases}$是方程组(1) 的解,即

$$\begin{cases}f(x_0,y_0)=0,\\ g(x_0,y_0)=0,\end{cases}$$

则显然有 $f(x_0,y_0)=0$，而且

$$kf(x_0,y_0)+g(x_0,y_0)=k\cdot 0+0=0,$$

即方程组(1) 的解满足方程组(4)；反过来，设$\begin{cases}x=x_0,\\ y=y_0\end{cases}$是方程组(4) 的解，即

$$\begin{cases}f(x_0,y_0)=0,\\ kf(x_0,y_0)+g(x_0,y_0)=0,\end{cases}$$

则显然有 $f(x_0,y_0)=0$，且由第二个等式可得

$$g(x_0,y_0)=0-kf(x_0,y_0)=0-k\cdot 0=0,$$

即方程组(4) 的解满足方程组(1).所以方程组(4) 与方程组(1) 是同解的方程组.

综上所述，把一个方程组进行上述三种变换后得到的方程组与原方程组完全同解，称之为方程组的初等变换，并简记如下：

(1) 交换两方程；

(2) 数乘某方程；

(3) 倍加某方程.

例 1　求解线性方程组

$$\begin{cases}2x_1-x_2-x_3+x_4=2,\\ x_1+x_2-2x_3+x_4=4,\\ 4x_1-6x_2+2x_3-2x_4=4,\\ 3x_1+6x_2-9x_3+7x_4=9.\end{cases}\tag{5}$$

解　方程组的系数行列式为

$$|\boldsymbol{A}|=\begin{vmatrix}2&-1&-1&1\\1&1&-2&1\\4&-6&2&-2\\3&6&-9&7\end{vmatrix}=\begin{vmatrix}0&-1&0&0\\3&1&-3&2\\-8&-6&8&-8\\15&6&-15&13\end{vmatrix}$$

$$=\begin{vmatrix}3&-3&2\\-8&8&-8\\15&-15&13\end{vmatrix}=(-8)\cdot\begin{vmatrix}3&-3&2\\1&-1&1\\15&-15&13\end{vmatrix}$$

$$=(-8)\cdot\begin{vmatrix}0&0&-1\\1&-1&1\\15&-15&13\end{vmatrix}=(-8)(-1)\begin{vmatrix}1&-1\\15&-15\end{vmatrix}=0,$$

即系数行列式为零，所以克莱姆法则失效.因为系数矩阵不可逆，所以逆矩阵法也失效.下面用初等变换化简该方程组，进而求出它的同解方程组.

由方程组

$$\begin{cases}2x_1 - x_2 - x_3 + x_4 = 2, \\ x_1 + x_2 - 2x_3 + x_4 = 4, \\ 4x_1 - 6x_2 + 2x_3 - 2x_4 = 4, \\ 3x_1 + 6x_2 - 9x_3 + 7x_4 = 9\end{cases}$$

$$\rightarrow \begin{cases}x_1 + x_2 - 2x_3 + x_4 = 4, \\ 2x_1 - x_2 - x_3 + x_4 = 2, \\ 4x_1 - 6x_2 + 2x_3 - 2x_4 = 4, \\ 3x_1 + 6x_2 - 9x_3 + 7x_4 = 9\end{cases}$$

$$\rightarrow \begin{cases}x_1 + x_2 - 2x_3 + x_4 = 4, \\ -3x_2 + 3x_3 - x_4 = -6, \\ 5x_2 - 5x_3 + 3x_4 = 6, \\ 3x_2 - 3x_3 + 4x_4 = -3\end{cases}$$

$$\rightarrow \begin{cases}x_1 + x_2 - 2x_3 + x_4 = 4, \\ -3x_2 + 3x_3 - x_4 = -6, \\ -\frac{4}{3}x_4 = 4, \\ 3x_4 = -9\end{cases}$$

$$\rightarrow \begin{cases}x_1 + x_2 - 2x_3 + x_4 = 4, \\ -3x_2 + 3x_3 - x_4 = -6, \\ x_4 = -3, \\ x_4 = -3\end{cases}$$

$$\rightarrow \begin{cases}x_1 + x_2 - 2x_3 + x_4 = 4, \\ -3x_2 + 3x_3 - x_4 = -6, \\ x_4 = -3, \\ 0 = 0,\end{cases} \tag{6}$$

因为方程组(5)与方程组(6)同解，只需要解出方程组(6)即可.又方程组(6)中有4个未知数，但只有3个方程，所以不能把4个未知数唯一地求出，只能求出3个.可以把其中一个未知数设为自由未知数，求关于另外3个未知数的三元一次方程组.例如取 x_3 为自由未知数，则可得

$$\begin{cases} x_1 = 1 \cdot x_3 + 4, \\ x_2 = 1 \cdot x_3 + 3, \\ x_3 = 1 \cdot x_3 + 0, \\ x_4 = 0 \cdot x_3 - 3, \end{cases}$$

不管 x_3 取何数，这一组数字都满足方程组(6)(读者可以自行验证).若令 $x_3=k$，则方程组(5)的解可记为

$$\begin{bmatrix} x_1 \\ x_2 \\ x_3 \\ x_4 \end{bmatrix} = \begin{bmatrix} 1 \\ 1 \\ 1 \\ 0 \end{bmatrix} k + \begin{bmatrix} 4 \\ 3 \\ 0 \\ -3 \end{bmatrix} \quad (k \in \mathbf{R}).$$

实际上，方程组解的情况取决于方程组中未知数的系数和常数项，而与未知数用什么字母表示无关.称矩阵 $\boldsymbol{B}=(\boldsymbol{A},\boldsymbol{b})$ 为方程组(5)的增广矩阵，以上化简方程组的过程相当于对增广矩阵 $\boldsymbol{B}=(\boldsymbol{A},\boldsymbol{b})$ 作以下一系列变换：

$$\boldsymbol{B}=(\boldsymbol{A},\boldsymbol{b})=\begin{bmatrix} 2 & -1 & -1 & 1 & 2 \\ 1 & 1 & -2 & 1 & 4 \\ 4 & -6 & 2 & -2 & 4 \\ 3 & 6 & -9 & 7 & 9 \end{bmatrix}$$

$$\to \begin{bmatrix} 1 & 1 & -2 & 1 & 4 \\ 2 & -1 & -1 & 1 & 2 \\ 4 & -6 & 2 & -2 & 4 \\ 3 & 6 & -9 & 7 & 9 \end{bmatrix}$$

$$\to \begin{bmatrix} 1 & 1 & -2 & 1 & 4 \\ 0 & -3 & 3 & -1 & -6 \\ 0 & 5 & -5 & 3 & 6 \\ 0 & 3 & -3 & 4 & -3 \end{bmatrix}$$

$$\to \begin{bmatrix} 1 & 1 & -2 & 1 & 4 \\ 0 & -3 & 3 & -1 & -6 \\ 0 & 0 & 0 & -\frac{4}{3} & 4 \\ 0 & 0 & 0 & 3 & -9 \end{bmatrix}$$

$$\to \begin{bmatrix} 1 & 1 & -2 & 1 & 4 \\ 0 & -3 & 3 & -1 & -6 \\ 0 & 0 & 0 & 1 & -3 \\ 0 & 0 & 0 & 0 & 0 \end{bmatrix}.$$

对增广矩阵 $\boldsymbol{B}=(\boldsymbol{A},\boldsymbol{b})$ 所作的这一系列变换,实际上相当于对方程组作对应的初等变换,两者之间是一一对应的.因此得到下面的定义.

定义 3.1 对任一矩阵,下面 3 种变换称为矩阵的初等变换:

(1) 交换两行(列),记为 $r_i \leftrightarrow r_j (c_i \leftrightarrow c_j)$;

(2) 数 $k(k \neq 0)$ 乘某行(列),记为 $kr_i(kc_i)$;

(3) k 倍加某行(列),记为 $r_i + kr_j(c_i + kc_j)$.

如果一个矩阵 $\boldsymbol{A}$ 经过若干次初等变换得到矩阵 $\boldsymbol{B}$,则称 $\boldsymbol{A}$ 与 $\boldsymbol{B}$ 等价,记为

$$\boldsymbol{A} \to \boldsymbol{B} \quad \text{或者} \quad \boldsymbol{A} \sim \boldsymbol{B}.$$

前面对矩阵 $\boldsymbol{B}=(\boldsymbol{A},\boldsymbol{b})$ 施行一系列初等变换后得到的最后一个矩阵中,元素全为零的行称为零行,元素不全为零的行称为非零行,非零行的第一个非零元素称为非零首元.在每个非零首元左侧画一条高度为"一行"的竖线,下方用一条横线把相邻的两条竖线连接起来就得到一条形状类似于楼梯的折线,并称这个矩阵为阶梯形矩阵.

进一步,对上面得到的阶梯形矩阵继续施行如下初等变换:

$$\boldsymbol{B}=(\boldsymbol{A},\boldsymbol{b})=\begin{bmatrix} 2 & -1 & -1 & 1 & 2 \\ 1 & 1 & -2 & 1 & 4 \\ 4 & -6 & 2 & -2 & 4 \\ 3 & 6 & -9 & 7 & 9 \end{bmatrix}$$

$$\to \cdots \to \begin{bmatrix} 1 & 1 & -2 & 1 & 4 \\ 0 & -3 & 3 & -1 & -6 \\ 0 & 0 & 0 & 1 & -3 \\ 0 & 0 & 0 & 0 & 0 \end{bmatrix}$$

$$\to \begin{bmatrix} 1 & 1 & -2 & 0 & 7 \\ 0 & 1 & -1 & 0 & 3 \\ 0 & 0 & 0 & 1 & -3 \\ 0 & 0 & 0 & 0 & 0 \end{bmatrix}$$

$$\to \begin{bmatrix} 1 & 0 & -1 & 0 & 4 \\ 0 & 1 & -1 & 0 & 3 \\ 0 & 0 & 0 & 1 & -3 \\ 0 & 0 & 0 & 0 & 0 \end{bmatrix}.$$

这个阶梯形矩阵同时满足两个条件:一是所有的非零首元都是 1;二是所有非零首元所在的列中其余元素都是零.把这样的阶梯形矩阵称为行最简形矩阵(意思是只利用初等行变换得到的最简形矩阵).

若允许施行初等列变换，则

$$\boldsymbol{B} \to \cdots \to \begin{bmatrix} 1 & 0 & -1 & 0 & 4 \\ 0 & 1 & -1 & 0 & 3 \\ 0 & 0 & 0 & 1 & -3 \\ 0 & 0 & 0 & 0 & 0 \end{bmatrix}$$

$$\to \begin{bmatrix} 1 & 0 & 0 & 0 & 0 \\ 0 & 1 & 0 & 0 & 0 \\ 0 & 0 & 1 & 0 & 0 \\ 0 & 0 & 0 & 0 & 0 \end{bmatrix}.$$

该矩阵的左上角是一个单位方阵，其余元素都是零，称之为矩阵的标准形，记为 $\boldsymbol{F}$.

第二节　矩阵的秩

我们先介绍 k 阶子式的定义，然后给出矩阵的秩的定义.

设 $\boldsymbol{A}_{m\times n}$，在 $\boldsymbol{A}$ 中任取 k 行 k 列，其中 $1 \leqslant k \leqslant m$，$1 \leqslant k \leqslant n$，位于这 k 行 k 列交叉点处的元素按照原来的位置顺序排列得到的 k 阶行列式称为矩阵 $\boldsymbol{A}$ 的一个 k 阶子式.

例如，给定一个 3 行 5 列矩阵

$$\boldsymbol{A} = \begin{bmatrix} 3 & 2 & -1 & -3 & -2 \\ 2 & -1 & 3 & 1 & -3 \\ 7 & 0 & 5 & -1 & -8 \end{bmatrix},$$

若取 1,2,3 行和 1,2,4 列，它们交叉点处的元素就构成 $\boldsymbol{A}$ 的一个三阶子式，即

$$\begin{vmatrix} 3 & 2 & -3 \\ 2 & -1 & 1 \\ 7 & 0 & -1 \end{vmatrix};$$

若取 1,3 行和 2,4 列，它们交叉点处的元素就构成 $\boldsymbol{A}$ 的一个二阶子式，即

$$\begin{vmatrix} 2 & -3 \\ 0 & -1 \end{vmatrix}.$$

该矩阵共有 $C_3^2 C_5^2 (=30)$ 个二阶子式，有 $C_3^3 C_5^3 (=10)$ 个三阶子式.

定义 3.2　若矩阵 $\boldsymbol{A}$ 有一个 r 阶子式 $D \neq 0$，且所有 $r+1$ 阶子式（如果有的话）都为 0，则称 r 为 $\boldsymbol{A}$ 的秩，记作 $R(\boldsymbol{A}) = r$，并规定零矩阵的秩为 0.

注意：(1) 如 $R(\boldsymbol{A}) = r$，则 $\boldsymbol{A}$ 中至少有一个 r 阶子式 $D \neq 0$，所有 $r+1$ 阶子式

都为 0,且更高阶子式均为 0.因此得到秩的等价定义:$\boldsymbol{A}$ 中非零子式的最大阶数.

(2) 由行列式性质,$R(\boldsymbol{A})=R(\boldsymbol{A}^{\mathrm{T}})$.

(3) $0\leqslant R(\boldsymbol{A})\leqslant m$ 且 $0\leqslant R(\boldsymbol{A})\leqslant n$,则 $0\leqslant R(\boldsymbol{A})\leqslant \min\{m,n\}$.

(4) 如果 $\boldsymbol{A}$ 是 n 阶方阵,且 $|\boldsymbol{A}|\neq 0$,则 $R(\boldsymbol{A})=n$;反之,如果 $R(\boldsymbol{A})=n$,则 $|\boldsymbol{A}|\neq 0$. 因此,n 阶方阵 $\boldsymbol{A}$ 可逆的充分必要条件是 $R(\boldsymbol{A})=n$.

例 1 设

$$\boldsymbol{A}=\begin{bmatrix}1 & 2 & 2 & 1\\ 2 & 1 & -2 & -2\\ 1 & -1 & -4 & -3\end{bmatrix},$$

求 $R(\boldsymbol{A})$.

解 显然有一个二阶子式

$$\begin{vmatrix}1 & 2\\ 2 & 1\end{vmatrix}\neq 0,$$

下求 $\boldsymbol{A}$ 的三阶子式:

$$\begin{vmatrix}1 & 2 & 2\\ 2 & 1 & -2\\ 1 & -1 & -4\end{vmatrix}=\begin{vmatrix}1 & 2 & 2\\ 2 & 1 & -2\\ 2 & 1 & -2\end{vmatrix}=0,$$

$$\begin{vmatrix}1 & 2 & 1\\ 2 & 1 & -2\\ 1 & -1 & -3\end{vmatrix}=\begin{vmatrix}1 & 2 & 1\\ 2 & 1 & -2\\ 2 & 1 & -2\end{vmatrix}=0,$$

$$\begin{vmatrix}1 & 2 & 1\\ 2 & -2 & -2\\ 1 & -4 & -3\end{vmatrix}=\begin{vmatrix}1 & 2 & 1\\ 2 & -2 & -2\\ 2 & -2 & -2\end{vmatrix}=0,$$

$$\begin{vmatrix}2 & 2 & 1\\ 1 & -2 & -2\\ -1 & -4 & -3\end{vmatrix}=\begin{vmatrix}2 & 2 & 1\\ 1 & -2 & -2\\ 1 & -2 & -2\end{vmatrix}=0,$$

即 $\boldsymbol{A}$ 的所有三阶子式都为 0,所以 $R(\boldsymbol{A})=2$.

定理 3.1 若 $\boldsymbol{A}\rightarrow\boldsymbol{B}$,则 $R(\boldsymbol{A})=R(\boldsymbol{B})$,即初等变换不改变矩阵的秩.

证明 设矩阵 $\boldsymbol{A}$ 的秩为 r,即 $R(\boldsymbol{A})=r$.

(1) 矩阵 $\boldsymbol{A}$ 交换两行(列)得到矩阵 $\boldsymbol{B}$.因为交换两行(列),行列式的值只会变成原来的相反数,因此矩阵 $\boldsymbol{B}$ 的每一个子式与矩阵 $\boldsymbol{A}$ 中对应的子式或者相等,或者仅改变正负号,所以秩不变,即 $R(\boldsymbol{A})=R(\boldsymbol{B})=r$.

(2) 用非零实数 k 乘以矩阵 $\boldsymbol{A}$ 的某一行(列)得到矩阵 $\boldsymbol{B}$.行列式的某一行(列)乘以实数 k 相当于行列式本身乘以 k,因此变换后的矩阵 $\boldsymbol{B}$ 的各阶子式与原矩阵 $\boldsymbol{A}$ 的对应子式或者相等,或者是 k 倍关系.这样,如果矩阵 $\boldsymbol{A}$ 中有 r 阶子式不为零,且所有 $r+1$ 阶子式都为零,在矩阵 $\boldsymbol{B}$ 中也就有 r 阶子式不为零,且所有 $r+1$ 阶子式都为零,因此秩不改变.

(3) 用第三种初等变换(例如行变换 r_i+kr_j)把矩阵 $\boldsymbol{A}$ 化为矩阵 $\boldsymbol{B}$,则 $\boldsymbol{B}$ 的任意一个 $r+1$ 阶子式 B_{r+1} 可能有三种情况:① B_{r+1} 不含有第 i 行元素;② B_{r+1} 同时含有第 i 行和第 j 行元素;③ B_{r+1} 含有第 i 行但不含有第 j 行元素.对于前两种情况,由行列式的性质,在 $\boldsymbol{A}$ 中与 B_{r+1} 对应的子式 A_{r+1} 一定满足 $B_{r+1}=A_{r+1}=0$,显然秩不变;对于情况 ③,有

$$B_{r+1}=\begin{vmatrix}\vdots\\ r_i+kr_j\\ \vdots\end{vmatrix}=\begin{vmatrix}\vdots\\ r_i\\ \vdots\end{vmatrix}+k\begin{vmatrix}\vdots\\ r_j\\ \vdots\end{vmatrix},$$

易知上式中第二个等号后的第一项与第二项分别是矩阵 $\boldsymbol{A}$ 的某一 $r+1$ 阶子式和某一 $r+1$ 阶子式的 k 倍,其值都为零,因此 $B_{r+1}=A_{r+1}=0$,显然秩也不变.

根据该定理,任意一个矩阵和它的阶梯形(或行最简形或标准形)矩阵的秩相等,而阶梯形矩阵的秩很容易判断,所以求矩阵的秩的步骤可以归纳如下:

(1) 先用初等变换将矩阵化为阶梯形;

(2) 阶梯形矩阵中非零行的个数就是所求的秩.

例 2　设

$$\boldsymbol{A}=\begin{bmatrix}1 & 2 & 2 & 1\\ 2 & 1 & -2 & -2\\ 1 & -1 & -4 & -3\end{bmatrix},$$

求 $R(\boldsymbol{A})$,并求出 $\boldsymbol{A}$ 的一个最高阶非零子式.

解　先将 $\boldsymbol{A}$ 化为阶梯形,即

$$\boldsymbol{A}=\begin{bmatrix}1 & 2 & 2 & 1\\ 2 & 1 & -2 & -2\\ 1 & -1 & -4 & -3\end{bmatrix}\to\begin{bmatrix}1 & 2 & 2 & 1\\ 0 & -3 & -6 & -4\\ 0 & -3 & -6 & -4\end{bmatrix}\to\begin{bmatrix}1 & 2 & 2 & 1\\ 0 & -3 & -6 & -4\\ 0 & 0 & 0 & 0\end{bmatrix},$$

因为阶梯形矩阵中含有 2 个非零行,所以 $R(\mathbf{A})=2$.阶梯形矩阵中二阶子式

$$\begin{vmatrix} 1 & 2 \\ 0 & -3 \end{vmatrix} \neq 0,$$

在矩阵 $\mathbf{A}$ 中对应的二阶非零子式为 $\begin{vmatrix} 1 & 2 \\ 2 & 1 \end{vmatrix}$.

例 3 设

$$\mathbf{A}=\begin{bmatrix} 2 & 3 & 1 & -3 & -7 \\ 1 & 2 & 0 & -2 & -4 \\ 3 & -2 & 8 & 3 & 0 \\ 2 & -3 & 7 & 4 & 3 \end{bmatrix}\begin{matrix} \textcircled{1} \\ \textcircled{2} \\ \textcircled{3} \\ \textcircled{4} \end{matrix},$$

求 $R(\mathbf{A})$,并求出 $\mathbf{A}$ 的一个最高阶非零子式.

解 先将 $\mathbf{A}$ 化为阶梯形,即

$$\mathbf{A}=\begin{bmatrix} 2 & 3 & 1 & -3 & -7 \\ 1 & 2 & 0 & -2 & -4 \\ 3 & -2 & 8 & 3 & 0 \\ 2 & -3 & 7 & 4 & 3 \end{bmatrix}\begin{matrix} \textcircled{1} \\ \textcircled{2} \\ \textcircled{3} \\ \textcircled{4} \end{matrix}$$

$$\rightarrow \begin{bmatrix} 1 & 2 & 0 & -2 & -4 \\ 2 & 3 & 1 & -3 & -7 \\ 3 & -2 & 8 & 3 & 0 \\ 2 & -3 & 7 & 4 & 3 \end{bmatrix}\begin{matrix} \textcircled{2} \\ \textcircled{1} \\ \textcircled{3} \\ \textcircled{4} \end{matrix}$$

$$\rightarrow \begin{bmatrix} 1 & 2 & 0 & -2 & -4 \\ 0 & -1 & 1 & 1 & 1 \\ 0 & -8 & 8 & 9 & 12 \\ 0 & -7 & 7 & 8 & 11 \end{bmatrix}\begin{matrix} \textcircled{2} \\ \textcircled{1} \\ \textcircled{3} \\ \textcircled{4} \end{matrix}$$

$$\rightarrow \begin{bmatrix} 1 & 2 & 0 & -2 & -4 \\ 0 & -1 & 1 & 1 & 1 \\ 0 & 0 & 0 & 1 & 4 \\ 0 & 0 & 0 & 1 & 4 \end{bmatrix}\begin{matrix} \textcircled{2} \\ \textcircled{1} \\ \textcircled{3} \\ \textcircled{4} \end{matrix}$$

$$\rightarrow \begin{bmatrix} 1 & 2 & 0 & -2 & -4 \\ 0 & -1 & 1 & 1 & 1 \\ 0 & 0 & 0 & 1 & 4 \\ 0 & 0 & 0 & 0 & 0 \end{bmatrix}\begin{matrix} \textcircled{2} \\ \textcircled{1} \\ \textcircled{3} \\ \textcircled{4} \end{matrix},$$

所以 $R(\mathbf{A})=3$.阶梯形矩阵中三阶子式

$$\begin{vmatrix} 1 & 2 & -2 \\ 0 & -1 & 1 \\ 0 & 0 & 1 \end{vmatrix} = -1 \neq 0,$$

在矩阵 $\boldsymbol{A}$ 中对应的三阶非零子式为$\begin{vmatrix} 2 & 3 & -3 \\ 1 & 2 & -2 \\ 3 & -2 & 3 \end{vmatrix}$.

第三节　线性方程组的解

本节我们将利用矩阵的秩和初等变换研究线性方程组的解，主要是研究齐次线性方程组 $\boldsymbol{A}\boldsymbol{x}=\boldsymbol{0}$ 有非零解的条件和非齐次线性方程组 $\boldsymbol{A}\boldsymbol{x}=\boldsymbol{b}$ 有解的条件.

齐次线性方程组 $\boldsymbol{A}\boldsymbol{x}=\boldsymbol{0}$ 一定有解，因为 $\boldsymbol{x}=[0\quad 0\quad \cdots\quad 0]^{\mathrm{T}}$ 一定是齐次线性方程组的解，称之为零解.下面讨论 $\boldsymbol{A}\boldsymbol{x}=\boldsymbol{0}$ 是否存在非零解.

例 1　求解线性方程组

$$\begin{cases} x_1 + x_2 + x_3 = 0, \\ 2x_1 - x_2 + x_3 = 0, \\ 2x_1 - 3x_2 - x_3 = 0, \\ 3x_1 + 6x_2 + 7x_3 = 0. \end{cases}$$

解　由第一节的讨论可知，求线性方程组的解就是对方程组的增广矩阵进行初等行变换化为阶梯形，而齐次线性方程组的常数项都为 0，因此只需要对系数矩阵进行初等行变换即可.因为

$$\boldsymbol{A} = \begin{bmatrix} 1 & 1 & 1 \\ 2 & -1 & 1 \\ 2 & -3 & -1 \\ 3 & 6 & 7 \end{bmatrix} \to \begin{bmatrix} 1 & 1 & 1 \\ 0 & -3 & -1 \\ 0 & -5 & -3 \\ 0 & 3 & 4 \end{bmatrix}$$

$$\to \begin{bmatrix} 1 & 1 & 1 \\ 0 & -3 & -1 \\ 0 & 0 & -\dfrac{4}{3} \\ 0 & 0 & 3 \end{bmatrix} \to \begin{bmatrix} 1 & 1 & 1 \\ 0 & -3 & -1 \\ 0 & 0 & 1 \\ 0 & 0 & 0 \end{bmatrix},$$

对应的同解方程组是

$$\begin{cases} x_1 + x_2 + x_3 = 0, \\ \qquad 3x_2 + x_3 = 0, \\ \qquad\qquad x_3 = 0, \end{cases}$$

解得

$$\begin{bmatrix} x_1 \\ x_2 \\ x_3 \end{bmatrix} = \begin{bmatrix} 0 \\ 0 \\ 0 \end{bmatrix}.$$

注 上面的方程组只有零解，是因为经初等变换得到的阶梯形矩阵对应的方程组中含有的未知数的个数等于方程的个数，即 $R(\boldsymbol{A})=3$.

例 2 求解线性方程组

$$\begin{cases} x_1+2x_2-x_3=0, \\ 2x_1-3x_2+x_3=0, \\ 4x_1+x_2-x_3=0. \end{cases}$$

解 对方程组的系数矩阵作初等行变换，得

$$\boldsymbol{A}=\begin{bmatrix} 1 & 2 & -1 \\ 2 & -3 & 1 \\ 4 & 1 & -1 \end{bmatrix} \to \begin{bmatrix} 1 & 2 & -1 \\ 0 & -7 & 3 \\ 0 & -7 & 3 \end{bmatrix}$$

$$\to \begin{bmatrix} 1 & 2 & -1 \\ 0 & -7 & 3 \\ 0 & 0 & 0 \end{bmatrix},$$

对应的同解方程组是

$$\begin{cases} x_1+2x_2-\ x_3=0, \\ \quad -7x_2+3x_3=0. \end{cases}$$

这个方程组含有两个方程，却有三个未知数，只能求出其中两个，比如

$$\begin{cases} x_1=\dfrac{1}{7}x_3, \\ x_2=\dfrac{3}{7}x_3, \end{cases}$$

再令 x_3 为自由未知量(任意实数)，方程组的解可以表示为

$$\begin{bmatrix} x_1 \\ x_2 \\ x_3 \end{bmatrix} = \begin{bmatrix} \dfrac{1}{7}x_3 \\ \dfrac{3}{7}x_3 \\ x_3 \end{bmatrix} = \begin{bmatrix} \dfrac{1}{7} \\ \dfrac{3}{7} \\ 1 \end{bmatrix} k \quad (k \text{ 为任意实数}).$$

注　由于 k 为任意实数，上面的方程组的解有无穷多个，并且既包含零解也包含非零解.这是因为经初等变换得到的阶梯形矩阵对应的方程组中含有的方程的个数小于未知数的个数，即 $R(\mathbf{A})<3$.

定理 3.2　设 $\mathbf{A}_{m\times n}$，则齐次线性方程组 $\mathbf{A}\boldsymbol{x}=\mathbf{0}$ 有非零解的充分必要条件是 $R(\mathbf{A})<n$；等价地，齐次线性方程组 $\mathbf{A}\boldsymbol{x}=\mathbf{0}$ 只有零解的充分必要条件是 $R(\mathbf{A})=n$.

根据此定理，利用系数矩阵的秩可以判断齐次线性方程组是否有非零解.

例 3　求解线性方程组

$$\begin{cases} x_1+2x_2+2x_3+x_4=0,\\ 2x_1+x_2-2x_3-2x_4=0,\\ x_1-x_2-4x_3-3x_4=0. \end{cases}$$

解　对方程组的系数矩阵作初等行变换，得

$$\mathbf{A}=\begin{bmatrix} 1 & 2 & 2 & 1\\ 2 & 1 & -2 & -2\\ 1 & -1 & -4 & -3 \end{bmatrix}\to\begin{bmatrix} 1 & 2 & 2 & 1\\ 0 & -3 & -6 & -4\\ 0 & -3 & -6 & -4 \end{bmatrix}$$

$$\to\begin{bmatrix} 1 & 2 & 2 & 1\\ 0 & -3 & -6 & -4\\ 0 & 0 & 0 & 0 \end{bmatrix},$$

容易看出，$R(\mathbf{A})=2<4$，所以方程组有非零解.

等价的方程组为

$$\begin{cases} x_1+2x_2+2x_3+x_4=0,\\ -3x_2-6x_3-4x_4=0, \end{cases}$$

把 x_3,x_4 看成任意实数，得

$$\begin{cases} x_1=2x_3+\dfrac{5}{3}x_4,\\ x_2=-2x_3-\dfrac{4}{3}x_4,\\ x_3=1\cdot x_3+0\cdot x_4,\\ x_4=0\cdot x_3+1\cdot x_4, \end{cases}$$

所以原方程的通解形式为

$$\begin{bmatrix} x_1\\ x_2\\ x_3\\ x_4 \end{bmatrix}=\begin{bmatrix} 2\\ -2\\ 1\\ 0 \end{bmatrix}k_1+\begin{bmatrix} \dfrac{5}{3}\\ -\dfrac{4}{3}\\ 0\\ 1 \end{bmatrix}k_2\quad(k_1,k_2\text{ 为任意实数}).$$

例 4 求解线性方程组

$$\begin{cases}4x_1+2x_2-\ x_3=2,\\ 3x_1-\ x_2+2x_3=10,\\ 11x_1+3x_2\qquad\ =8.\end{cases}$$

解 对增广矩阵作初等行变换,得

$$(\boldsymbol{A},\boldsymbol{b})=\begin{bmatrix}4&2&-1&2\\3&-1&2&10\\11&3&0&8\end{bmatrix}\xrightarrow{r_1+(-1)r_2}\begin{bmatrix}1&3&-3&-8\\3&-1&2&10\\11&3&0&8\end{bmatrix}$$

$$\rightarrow\begin{bmatrix}1&3&-3&-8\\0&-10&11&34\\0&-30&33&96\end{bmatrix}$$

$$\rightarrow\begin{bmatrix}1&3&-3&-8\\0&-10&11&34\\0&0&0&-6\end{bmatrix}.$$

容易看出,此阶梯形矩阵对应的方程组中第三个方程是 $0x_1+0x_2+0x_3=-6$,这是一个矛盾方程,故原方程组无解.

注 出现上面现象的原因在于,未知数的系数都化为 0 而常数项却不是 0,导致 $R(\boldsymbol{A})=2$,$R(\boldsymbol{A},\boldsymbol{b})=3$,即 $R(\boldsymbol{A})\neq R(\boldsymbol{A},\boldsymbol{b})$.

定理 3.3 设 $\boldsymbol{A}_{m\times n}$,则非齐次线性方程组 $\boldsymbol{Ax}=\boldsymbol{b}$ 有解的充分必要条件是

$$R(\boldsymbol{A})=R(\boldsymbol{A},\boldsymbol{b}),$$

无解的充分必要条件是 $R(\boldsymbol{A})\neq R(\boldsymbol{A},\boldsymbol{b})$,且

(1) 有唯一解的充分必要条件是 $R(\boldsymbol{A})=R(\boldsymbol{A},\boldsymbol{b})=n$;

(2) 有无穷多解的充分必要条件是 $R(\boldsymbol{A})=R(\boldsymbol{A},\boldsymbol{b})<n$.

例 5 求解线性方程组

$$\begin{cases}x_1+\ x_2-3x_3-\ x_4=1,\\ 3x_1-\ x_2-3x_3+4x_4=4,\\ x_1+5x_2-9x_3-8x_4=0.\end{cases}$$

解 对增广矩阵作初等行变换,得

$$(\boldsymbol{A},\boldsymbol{b})=\begin{bmatrix}1&1&-3&-1&1\\3&-1&-3&4&4\\1&5&-9&-8&0\end{bmatrix}$$

$$\to\begin{bmatrix}1&1&-3&-1&1\\0&-4&6&7&1\\0&4&-6&-7&-1\end{bmatrix}$$

$$\to\begin{bmatrix}1&1&-3&-1&1\\0&-4&6&7&1\\0&0&0&0&0\end{bmatrix},$$

把 x_3,x_4 看成任意实数,得

$$\begin{cases}x_1=\dfrac{3}{2}x_3-\dfrac{3}{4}x_4+\dfrac{5}{4},\\ x_2=\dfrac{3}{2}x_3+\dfrac{7}{4}x_4-\dfrac{1}{4},\\ x_3=1\cdot x_3+0\cdot x_4+0,\\ x_4=0\cdot x_3+1\cdot x_4+0,\end{cases}$$

所以通解是

$$\begin{bmatrix}x_1\\x_2\\x_3\\x_4\end{bmatrix}=\begin{bmatrix}\dfrac{3}{2}\\\dfrac{3}{2}\\1\\0\end{bmatrix}k_1+\begin{bmatrix}-\dfrac{3}{4}\\\dfrac{7}{4}\\0\\1\end{bmatrix}k_2+\begin{bmatrix}\dfrac{5}{4}\\-\dfrac{1}{4}\\0\\0\end{bmatrix}\quad(k_1,k_2\text{ 为任意实数}).$$

例 6　讨论 a,b 为何值时,方程组

$$\begin{cases}x_1+x_2+2x_3+3x_4=1,\\ x_1+3x_2+6x_3+x_4=3,\\ 3x_1-x_2+ax_3+15x_4=3,\\ x_1-5x_2-10x_3+12x_4=b\end{cases}$$

无解、有唯一解、有无穷多解,并在有无穷多解时,求出全部解.

解　对增广矩阵作初等行变换,得

$$(\boldsymbol{A},\boldsymbol{b})=\begin{bmatrix}1&1&2&3&1\\1&3&6&1&3\\3&-1&a&15&3\\1&-5&-10&12&b\end{bmatrix}$$

$$
\rightarrow\begin{bmatrix}1&1&2&3&1\\0&2&4&-2&2\\0&-4&a-6&6&0\\0&-6&-12&9&b-1\end{bmatrix}
$$

$$
\rightarrow\begin{bmatrix}1&1&2&3&1\\0&1&2&-1&1\\0&0&a+2&2&4\\0&0&0&3&b+5\end{bmatrix},
$$

因此,当 $a\neq-2$ 时,方程组有唯一解.

当 $a=-2$ 时,

$$
\begin{bmatrix}1&1&2&3&1\\0&1&2&-1&1\\0&0&0&2&4\\0&0&0&3&b+5\end{bmatrix}\rightarrow\begin{bmatrix}1&1&2&3&1\\0&1&2&-1&1\\0&0&0&1&2\\0&0&0&0&b-1\end{bmatrix},
$$

此时,若 $b\neq1$,则 $R(\boldsymbol{A})=3,R(\boldsymbol{A},\boldsymbol{b})=4$,方程组无解;若 $b=1$,则

$$
R(\boldsymbol{A})=3=R(\boldsymbol{A},\boldsymbol{b}),
$$

方程组有无穷多解,再选 x_3 为任意实数,得

$$
\begin{cases}x_1=0\cdot x_3-8,\\x_2=-2x_3+3,\\x_3=1\cdot x_3+0,\\x_4=0\cdot x_3+2,\end{cases}
$$

即通解为

$$
\begin{bmatrix}x_1\\x_2\\x_3\\x_4\end{bmatrix}=\begin{bmatrix}0\\-2\\1\\0\end{bmatrix}k+\begin{bmatrix}-8\\3\\0\\2\end{bmatrix}\quad(k\text{ 为任意实数}).
$$

第四节　初等方阵*

定义 3.3　将单位方阵 $\boldsymbol{E}$ 经过一次初等变换得到的方阵称为初等方阵,并将经过第一种初等变换得到的初等方阵记为

$$
\boldsymbol{E}(i,j)=\begin{bmatrix}1&&&&&&\\&\ddots&&&&&\\&&0&&1&&\\&&&\ddots&&&\\&&1&&0&&\\&&&&&\ddots&\\&&&&&&1\end{bmatrix}\begin{matrix}\\ \\ (i)\\ \\ (j)\\ \\ \\ \end{matrix};
$$
$$
\begin{matrix}(i)&\quad&(j)\end{matrix}
$$

经过第二种初等变换得到的初等方阵记为

$$
\boldsymbol{E}(i(k))=\begin{bmatrix}1&&&&&&\\&\ddots&&&&&\\&&1&&&&\\&&&k&&&\\&&&&1&&\\&&&&&\ddots&\\&&&&&&1\end{bmatrix}\begin{matrix}\\ \\ \\ (i);\\ \\ \\ \\ \end{matrix}
$$
$$
(i)
$$

经过第三种初等行变换，将第 j 行的 k 倍加至第 i 行得到的初等方阵记为

$$
\boldsymbol{E}(i+j(k))=\begin{bmatrix}1&&&&&&\\&\ddots&&&&&\\&&1&&k&&\\&&&\ddots&&&\\&&&&1&&\\&&&&&\ddots&\\&&&&&&1\end{bmatrix}\begin{matrix}\\ \\ (i)\\ \\ (j)\\ \\ \\ \end{matrix},
$$

将第 j 列的 k 倍加至第 i 列得到的初等方阵记为

$$
\boldsymbol{E}(i+j(k))=\begin{bmatrix}1&&&&&&\\&\ddots&&&&&\\&&1&&&&\\&&&\ddots&&&\\&&k&&1&&\\&&&&&\ddots&\\&&&&&&1\end{bmatrix}.
$$
$$
\begin{matrix}(i)&\quad&(j)\end{matrix}
$$

定理 3.4 设 $\boldsymbol{A}_{m\times n}$，对 $\boldsymbol{A}$ 施行一次初等行变换，相当于用对应的初等方阵左乘 $\boldsymbol{A}$；对 $\boldsymbol{A}$ 施行一次初等列变换，相当于用对应的初等方阵右乘 $\boldsymbol{A}$.

例如，设 $\boldsymbol{A}_{m\times n}=\begin{bmatrix}1&2&3\\4&5&6\end{bmatrix}$.

(1) $\boldsymbol{A}_{m\times n}=\begin{bmatrix}1&2&3\\4&5&6\end{bmatrix}\xrightarrow{r_1\leftrightarrow r_2}\begin{bmatrix}4&5&6\\1&2&3\end{bmatrix}$，而

$$\begin{bmatrix}0&1\\1&0\end{bmatrix}\begin{bmatrix}1&2&3\\4&5&6\end{bmatrix}=\begin{bmatrix}4&5&6\\1&2&3\end{bmatrix};$$

又 $\boldsymbol{A}_{m\times n}=\begin{bmatrix}1&2&3\\4&5&6\end{bmatrix}\xrightarrow{c_1\leftrightarrow c_2}\begin{bmatrix}2&1&3\\5&4&6\end{bmatrix}$，而

$$\begin{bmatrix}1&2&3\\4&5&6\end{bmatrix}\begin{bmatrix}0&1&0\\1&0&0\\0&0&1\end{bmatrix}=\begin{bmatrix}2&1&3\\5&4&6\end{bmatrix}.$$

(2) $\boldsymbol{A}_{m\times n}=\begin{bmatrix}1&2&3\\4&5&6\end{bmatrix}\xrightarrow{kr_1}\begin{bmatrix}k&2k&3k\\4&5&6\end{bmatrix}$，而

$$\begin{bmatrix}k&0\\0&1\end{bmatrix}\begin{bmatrix}1&2&3\\4&5&6\end{bmatrix}=\begin{bmatrix}k&2k&3k\\4&5&6\end{bmatrix};$$

又 $\boldsymbol{A}_{m\times n}=\begin{bmatrix}1&2&3\\4&5&6\end{bmatrix}\xrightarrow{kc_1}\begin{bmatrix}k&2&3\\4k&5&6\end{bmatrix}$，而

$$\begin{bmatrix}1&2&3\\4&5&6\end{bmatrix}\begin{bmatrix}k&&\\&1&\\&&1\end{bmatrix}=\begin{bmatrix}k&2&3\\4k&5&6\end{bmatrix}.$$

(3) $\boldsymbol{A}_{m\times n}=\begin{bmatrix}1&2&3\\4&5&6\end{bmatrix}\xrightarrow{r_2+kr_1}\begin{bmatrix}1&2&3\\4+k&5+2k&6+3k\end{bmatrix}$，而

$$\begin{bmatrix}1&0\\k&1\end{bmatrix}\begin{bmatrix}1&2&3\\4&5&6\end{bmatrix}=\begin{bmatrix}1&2&3\\4+k&5+2k&6+3k\end{bmatrix};$$

又 $\boldsymbol{A}_{m\times n}=\begin{bmatrix}1&2&3\\4&5&6\end{bmatrix}\xrightarrow{c_2+kc_1}\begin{bmatrix}1&2+k&3\\4&5+4k&6\end{bmatrix}$，而

$$\begin{bmatrix}1&2&3\\4&5&6\end{bmatrix}\begin{bmatrix}1&k&0\\0&1&0\\0&0&1\end{bmatrix}=\begin{bmatrix}1&2+k&3\\4&5+4k&6\end{bmatrix}.$$

由初等方阵的定义还可以得到，初等方阵都是可逆的，并且它们的逆也是初等方阵.这是因为，单位方阵是可逆的(其行列式的值不为零)，经过三种初等变换之后行列式的值也不会变为零，而且

$$\boldsymbol{E}^{-1}(i,j)=\boldsymbol{E}(i,j),$$

$$\boldsymbol{E}^{-1}(i(k))=\boldsymbol{E}\left[i\left(\frac{1}{k}\right)\right],$$

$$\boldsymbol{E}^{-1}(i+j(k))=\boldsymbol{E}(i+j(-k)).$$

例如，

$$\begin{bmatrix}0 & 1\\1 & 0\end{bmatrix}^{-1}=\begin{bmatrix}0 & 1\\1 & 0\end{bmatrix},$$

$$\begin{bmatrix}1 & 0\\0 & k\end{bmatrix}^{-1}=\begin{bmatrix}1 & 0\\0 & \frac{1}{k}\end{bmatrix},$$

$$\begin{bmatrix}1 & 0\\k & 1\end{bmatrix}^{-1}=\begin{bmatrix}1 & 0\\-k & 1\end{bmatrix}.$$

设方阵 $\boldsymbol{A}$ 可逆，则经过若干次初等行变换 $\boldsymbol{P}_1,\boldsymbol{P}_2,\cdots,\boldsymbol{P}_s$ 可以把 $\boldsymbol{A}$ 化为单位方阵 $\boldsymbol{E}$，根据上述定理 3.4，有

$$\boldsymbol{P}_s\cdots\boldsymbol{P}_2\boldsymbol{P}_1\boldsymbol{A}=\boldsymbol{E}. \tag{1}$$

由于方阵 $\boldsymbol{A}$ 可逆，将(1) 式的两边同时右乘以 $\boldsymbol{A}^{-1}$，得 $\boldsymbol{P}_s\cdots\boldsymbol{P}_2\boldsymbol{P}_1\boldsymbol{A}\boldsymbol{A}^{-1}=\boldsymbol{E}\boldsymbol{A}^{-1}$，即

$$\boldsymbol{P}_s\cdots\boldsymbol{P}_2\boldsymbol{P}_1\boldsymbol{E}=\boldsymbol{A}^{-1}. \tag{2}$$

比较(1)，(2) 两式可知，这一系列初等行变换 $\boldsymbol{P}_1,\boldsymbol{P}_2,\cdots,\boldsymbol{P}_s$ 同时具备两个功能：一是把矩阵 $\boldsymbol{A}$ 化为单位方阵 $\boldsymbol{E}$；二是把单位方阵 $\boldsymbol{E}$ 化为 $\boldsymbol{A}^{-1}$.因此得到求 $\boldsymbol{A}^{-1}$ 的一种方法：

$$(\boldsymbol{A},\boldsymbol{E})\xrightarrow{r}(\boldsymbol{E},\boldsymbol{A}^{-1}).$$

例 1　设

$$\boldsymbol{A}=\begin{bmatrix}3 & 2 & 1\\3 & 1 & 5\\3 & 2 & 3\end{bmatrix},$$

利用矩阵的初等变换求出 $\boldsymbol{A}^{-1}$.

解　对$(\boldsymbol{A},\boldsymbol{E})$ 作初等行变换，可得

$$(\boldsymbol{A},\boldsymbol{E})=\begin{bmatrix}3&2&1&1&0&0\\3&1&5&0&1&0\\3&2&3&0&0&1\end{bmatrix}\rightarrow\begin{bmatrix}3&2&1&1&0&0\\0&-1&4&-1&1&0\\0&0&2&-1&0&1\end{bmatrix}$$

$$\rightarrow\begin{bmatrix}3&2&0&\frac{3}{2}&0&-\frac{1}{2}\\0&-1&0&1&1&-2\\0&0&2&-1&0&1\end{bmatrix}$$

$$\rightarrow\begin{bmatrix}3&0&0&\frac{7}{2}&2&-\frac{9}{2}\\0&-1&0&1&1&-2\\0&0&2&-1&0&1\end{bmatrix}$$

$$\rightarrow\begin{bmatrix}1&0&0&\frac{7}{6}&\frac{2}{3}&-\frac{3}{2}\\0&1&0&-1&-1&2\\0&0&1&-\frac{1}{2}&0&\frac{1}{2}\end{bmatrix}$$

$$=(\boldsymbol{E},\boldsymbol{A}^{-1}),$$

故

$$\boldsymbol{A}^{-1}=\begin{bmatrix}\frac{7}{6}&\frac{2}{3}&-\frac{3}{2}\\-1&-1&2\\-\frac{1}{2}&0&\frac{1}{2}\end{bmatrix}$$

例 2 设

$$\boldsymbol{A}=\begin{bmatrix}1&2&3\\2&2&1\\3&4&3\end{bmatrix},\quad \boldsymbol{b}=\begin{bmatrix}1\\2\\-1\end{bmatrix},$$

求线性方程组 $\boldsymbol{Ax}=\boldsymbol{b}$ 的解.

解法一(用克莱姆法则) 因为

$$D=\begin{vmatrix}1&2&3\\2&2&1\\3&4&3\end{vmatrix}=2,\quad D_1=\begin{vmatrix}1&2&3\\2&2&1\\-1&4&3\end{vmatrix}=18,$$

$$D_2=\begin{vmatrix}1&1&3\\2&2&1\\3&-1&3\end{vmatrix}=-20,\quad D_3=\begin{vmatrix}1&2&1\\2&2&2\\3&4&-1\end{vmatrix}=8,$$

由克莱姆法则得

$$x_1=\frac{D_1}{D}=9,\quad x_2=\frac{D_2}{D}=-10,\quad x_3=\frac{D_3}{D}=4.$$

解法二（利用伴随矩阵法求 $\boldsymbol{A}^{-1}$）　因为 $|\boldsymbol{A}|=2$，且

$$\boldsymbol{A}^*=\begin{bmatrix}2&6&-4\\-3&-6&5\\2&2&-2\end{bmatrix},$$

所以

$$\boldsymbol{x}=\boldsymbol{A}^{-1}\boldsymbol{b}=\frac{\boldsymbol{A}^*}{|\boldsymbol{A}|}\boldsymbol{b}=\frac{1}{2}\begin{bmatrix}2&6&-4\\-3&-6&5\\2&2&-2\end{bmatrix}\begin{bmatrix}1\\2\\-1\end{bmatrix}=\begin{bmatrix}9\\-10\\4\end{bmatrix}.$$

解法三（用初等变换法求出 $\boldsymbol{A}^{-1}$）　因为

$$(\boldsymbol{A},\boldsymbol{E})=\begin{bmatrix}1&2&3&1&0&0\\2&2&1&0&1&0\\3&4&3&0&0&1\end{bmatrix}\to\begin{bmatrix}1&2&3&1&0&0\\0&-2&-5&-2&1&0\\0&-2&-6&-3&0&1\end{bmatrix}$$

$$\to\begin{bmatrix}1&2&3&1&0&0\\0&-2&-5&-2&1&0\\0&0&-1&-1&-1&1\end{bmatrix}$$

$$\to\begin{bmatrix}1&2&0&-2&-3&3\\0&-2&0&3&6&-5\\0&0&-1&-1&-1&1\end{bmatrix}$$

$$\to\begin{bmatrix}1&0&0&1&3&-2\\0&-2&0&3&6&-5\\0&0&-1&-1&-1&1\end{bmatrix}$$

$$\to\begin{bmatrix}1&0&0&1&3&-2\\0&1&0&-\frac{3}{2}&-3&\frac{5}{2}\\0&0&1&1&1&-1\end{bmatrix},$$

所以

$$\boldsymbol{x}=\boldsymbol{A}^{-1}\boldsymbol{b}=\begin{bmatrix}1&3&-2\\-\frac{3}{2}&-3&\frac{5}{2}\\1&1&-1\end{bmatrix}\begin{bmatrix}1\\2\\-1\end{bmatrix}=\begin{bmatrix}9\\-10\\4\end{bmatrix}.$$

***定理 3.5**　设 $\boldsymbol{A}_{m\times n}$，$R(\boldsymbol{A})=r$，则必存在可逆矩阵 $\boldsymbol{P}$，$\boldsymbol{Q}$，使得

$$\boldsymbol{PAQ}=\begin{bmatrix}\boldsymbol{E}_r & \boldsymbol{O}\\ \boldsymbol{O} & \boldsymbol{O}\end{bmatrix}.$$

***推论 3.1**　$\boldsymbol{A}\sim\boldsymbol{B}$ 的充分必要条件是存在可逆矩阵 $\boldsymbol{P}$，$\boldsymbol{Q}$，使得 $\boldsymbol{PAQ}=\boldsymbol{B}$.

***例 3**　设

$$\boldsymbol{A}=\begin{bmatrix}1 & 2 & 3\\ 4 & 5 & 6\end{bmatrix},$$

试求可逆矩阵 $\boldsymbol{P}$，$\boldsymbol{Q}$，使得 $\boldsymbol{PAQ}$ 为 $\boldsymbol{A}$ 的标准形.

解　对 $\boldsymbol{A}$ 作初等变换，可得

$$\boldsymbol{A}=\begin{bmatrix}1 & 2 & 3\\ 4 & 5 & 6\end{bmatrix}\xrightarrow{r_2+(-4)r_1}\begin{bmatrix}1 & 2 & 3\\ 0 & -3 & -6\end{bmatrix}$$

$$\xrightarrow{\left(-\frac{1}{3}\right)\times r_2}\begin{bmatrix}1 & 2 & 3\\ 0 & 1 & 2\end{bmatrix}\xrightarrow{r_1+(-2)r_2}\begin{bmatrix}1 & 0 & -1\\ 0 & 1 & 2\end{bmatrix}$$

$$\xrightarrow{c_3+1\cdot c_1}\begin{bmatrix}1 & 0 & 0\\ 0 & 1 & 2\end{bmatrix}\xrightarrow{c_3+(-2)c_2}\begin{bmatrix}1 & 0 & 0\\ 0 & 1 & 0\end{bmatrix},$$

根据定理 3.4，即为

$$\boldsymbol{P}_3\boldsymbol{P}_2\boldsymbol{P}_1\boldsymbol{A}\boldsymbol{Q}_1\boldsymbol{Q}_2=\begin{bmatrix}1 & 0 & 0\\ 0 & 1 & 0\end{bmatrix},$$

其中

$$\boldsymbol{P}_1=\begin{bmatrix}1 & 0\\ -4 & 1\end{bmatrix},\quad \boldsymbol{P}_2=\begin{bmatrix}1 & 0\\ 0 & -\frac{1}{3}\end{bmatrix},\quad \boldsymbol{P}_3=\begin{bmatrix}1 & -2\\ 0 & 1\end{bmatrix},$$

$$\boldsymbol{Q}_1=\begin{bmatrix}1 & 0 & 1\\ 0 & 1 & 0\\ 0 & 0 & 1\end{bmatrix},\quad \boldsymbol{Q}_2=\begin{bmatrix}1 & 0 & 0\\ 0 & 1 & -2\\ 0 & 0 & 1\end{bmatrix}.$$

令

$$\boldsymbol{P}=\boldsymbol{P}_3\boldsymbol{P}_2\boldsymbol{P}_1=\begin{bmatrix}1 & -2\\ 0 & 1\end{bmatrix}\begin{bmatrix}1 & 0\\ 0 & -\frac{1}{3}\end{bmatrix}\begin{bmatrix}1 & 0\\ -4 & 1\end{bmatrix}=\begin{bmatrix}-\frac{5}{3} & \frac{2}{3}\\ \frac{4}{3} & -\frac{1}{3}\end{bmatrix},$$

$$Q=Q_1Q_2=\begin{bmatrix}1&0&1\\0&1&0\\0&0&1\end{bmatrix}\begin{bmatrix}1&0&0\\0&1&-2\\0&0&1\end{bmatrix}=\begin{bmatrix}1&0&1\\0&1&-2\\0&0&1\end{bmatrix},$$

则

$$PAQ=\begin{bmatrix}-\frac{5}{3}&\frac{2}{3}\\\frac{4}{3}&-\frac{1}{3}\end{bmatrix}\begin{bmatrix}1&2&3\\4&5&6\end{bmatrix}\begin{bmatrix}1&0&1\\0&1&-2\\0&0&1\end{bmatrix}=\begin{bmatrix}1&0&0\\0&1&0\end{bmatrix},$$

其中 $\boldsymbol{P},\boldsymbol{Q}$ 就是所求的可逆矩阵.

习题三

(A 组)

1. 将下列矩阵化为阶梯形、行最简形和标准形：

(1) $\begin{bmatrix}1&2&1&1\\3&2&-3&2\\4&4&-2&3\end{bmatrix}$；　(2) $\begin{bmatrix}1&1&0&2\\0&-1&2&1\\1&3&-4&4\end{bmatrix}$；

(3) $\begin{bmatrix}1&-2&-1&0&2\\-2&4&2&6&-6\\2&-1&0&2&3\\3&3&3&3&4\end{bmatrix}$；　(4) $\begin{bmatrix}1&2&-1&-3&-2\\2&-1&3&1&-3\\3&0&5&-1&0\end{bmatrix}$.

2. 求出下列矩阵的秩：

(1) $\begin{bmatrix}1&2&3&4\\2&3&0&1\end{bmatrix}$；　(2) $\begin{bmatrix}3&2&1&1\\1&2&-3&2\\4&4&-2&3\end{bmatrix}$；

(3) $\begin{bmatrix}1&1&2&2&1\\0&2&1&5&-1\\2&0&3&-1&3\\1&1&0&4&-1\end{bmatrix}$.

3. 设矩阵 $\boldsymbol{A}=\begin{bmatrix}1&1&1\\1&2&1\\2&3&\lambda\end{bmatrix}$ 的秩为 2，求实数 λ 的值.

4. 求解下列齐次线性方程组：

(1) $\begin{cases}x_1+x_2+2x_3-x_4=0,\\2x_1+x_2+x_3+x_4=0,\\2x_1+3x_2+7x_3-5x_4=0;\end{cases}$

(2) $\begin{cases} 2x_1+3x_2-x_3+5x_4=0, \\ 3x_1+x_2+2x_3-7x_4=0, \\ 4x_1+x_2-3x_3+6x_4=0, \\ x_1-2x_2+4x_3-7x_4=0. \end{cases}$

5. 求解下列非齐次线性方程组：

(1) $\begin{cases} 4x_1+2x_2-x_3=2, \\ 3x_1-x_2+2x_3=10, \\ 11x_1+3x_2=8; \end{cases}$

(2) $\begin{cases} 2x_1+3x_2+x_3=4, \\ x_1-2x_2+4x_3=-5, \\ 3x_1+8x_2-x_3=8; \end{cases}$

(3) $\begin{cases} x_1+x_2-x_3-2x_4=1, \\ 2x_1+3x_2+x_3-x_4=1, \\ 4x_1+5x_2-x_3-5x_4=3. \end{cases}$

6. 利用初等变换求出下列矩阵的逆矩阵.

(1) $\begin{bmatrix} 1 & 0 & 0 \\ -1 & 2 & 0 \\ 1 & 4 & 3 \end{bmatrix}$；　　(2) $\begin{bmatrix} 1 & 2 & 3 \\ 2 & 2 & 1 \\ 3 & 4 & 4 \end{bmatrix}$；

(3) $\begin{bmatrix} 3 & -2 & 0 & -1 \\ 0 & 2 & 2 & 1 \\ 1 & -2 & -3 & -2 \\ 0 & 1 & 2 & 1 \end{bmatrix}$.

(B 组)

1. 设矩阵 $\boldsymbol{A}=\begin{bmatrix} 3 & 0 & 0 \\ 1 & 4 & 0 \\ 0 & 0 & 3 \end{bmatrix}$，$\boldsymbol{E}$ 是三阶单位方阵，利用初等变换求出 $(\boldsymbol{A}-2\boldsymbol{E})^{-1}$.

2. 设矩阵 $\boldsymbol{A}=\begin{bmatrix} 1 & 2 & 1 \\ 3 & 4 & 2 \\ 1 & 2 & 2 \end{bmatrix}$，且 $\boldsymbol{A}+\boldsymbol{B}=\boldsymbol{AB}$，求矩阵 $\boldsymbol{B}$.

3. 设

$$\boldsymbol{A}=\begin{bmatrix} 1 & -2 & 3k \\ -1 & 2k & -3 \\ k & -2 & 3 \end{bmatrix}$$

求 k 为何值时,(1) $R(\boldsymbol{A})=1$;(2) $R(\boldsymbol{A})=2$;(3) $R(\boldsymbol{A})=3$.

4. 设矩阵 $\boldsymbol{A}=\begin{bmatrix}1 & 2 & 3\\2 & 1 & 1\end{bmatrix}$,试求出矩阵 $\boldsymbol{P}$,$\boldsymbol{Q}$,使得 $\boldsymbol{PAQ}=\boldsymbol{F}$,其中 $\boldsymbol{F}$ 是矩阵 $\boldsymbol{A}$ 的标准形.

5. 问 a 分别为何值时,方程组

$$\begin{cases}3x_1+x_2-x_3-2x_4=2,\\x_1-5x_2+2x_3+x_4=-1,\\2x_1+6x_2-3x_3-3x_4=a+1,\\-x_1-11x_2+5x_3+4x_4=-4\end{cases}$$

无解、有解？并在有解时求出它的全部解.

第四章　向量组的线性相关性

上一章给出了线性方程组解的相关理论以及求解线性方程组的一般方法.在线性方程组有无穷多解的情况下,这些解彼此之间究竟是什么关系呢?本章先介绍向量组的线性相关性,然后进一步研究线性方程组解的结构.

第一节　线性相关与线性无关

一、n 维向量的定义

在空间解析几何中,我们用三元有序数组(a_1,a_2,a_3)来刻画向量,空间向量的概念及其运算规律对于空间平面方程和直线方程的建立起着重要的作用.在线性代数中,每一个线性方程也都可用一有序数组刻画,例如线性方程

$$2x_1+3x_2-x_3+4x_4=2$$

就可用一个有序五元数组$(2,3,-1,4,2)$来刻画,由此引入 n 维向量的定义.

定义 4.1　由 n 个有序数 $a_1,a_2,\cdots,a_n$ 所组成的有序 n 元数组$(a_1,a_2,\cdots,a_n)$称为 n 维向量,这 n 个数称为该向量的 n 个分量,其中第 i 个数 a_i 称为第 i 个分量或第 i 个坐标,并称

$$\boldsymbol{a}=\begin{bmatrix}a_1\\a_2\\\vdots\\a_n\end{bmatrix}$$

为 n 维列向量(实质上是列矩阵),称

$$\boldsymbol{a}^{\mathrm{T}}=[a_1\quad a_2\quad\cdots\quad a_n]$$

为 n 维行向量(行矩阵).

所有分量均为实数的向量称为实向量,本书主要讨论的就是实向量.列向量一般用 $\boldsymbol{a},\boldsymbol{b}$ 等表示,行向量一般用 $\boldsymbol{a}^{\mathrm{T}},\boldsymbol{b}^{\mathrm{T}}$ 等表示.由于 n 维向量是三维向量的推广,因此三维向量的加、减、数乘运算规律在 n 维向量中同样适用.所有三维向量的集合记为

$$\mathbf{R}^3=\{[x_1\quad x_2\quad x_3]^{\mathrm{T}}\mid x_i\in\mathbf{R},i=1,2,3\},$$

称为三维向量空间.类似地,所有 n 维向量的集合记为

$$\mathbf{R}^n=\{[x_1\quad x_2\quad\cdots\quad x_n]^{\mathrm{T}}\mid x_i\in\mathbf{R},i=1,2,\cdots,n\},$$

称为 n 维向量空间.

二、向量的线性表示

引例　要求解线性方程组

$$\begin{cases}x_1+2x_2-x_3=0, & ①\\ 2x_1-3x_2+x_3=0, & ②\\ 4x_1+x_2-x_3=0, & ③\end{cases}$$

由于

$$\boldsymbol{A}=\begin{bmatrix}1 & 2 & -1\\ 2 & -3 & 1\\ 4 & 1 & -1\end{bmatrix}\to\begin{bmatrix}1 & 2 & -1\\ 0 & -7 & 3\\ 0 & -7 & 3\end{bmatrix}\to\begin{bmatrix}1 & 2 & -1\\ 0 & -7 & 3\\ 0 & 0 & 0\end{bmatrix},$$

所以 $R(\boldsymbol{A})=2<3=\boldsymbol{A}$ 的列数,方程组有非零解.而新方程组只有 2 个方程,说明原方程有多余方程,那么多余方程是如何产生的呢?哪个方程是多余方程呢?

方程 ①②③ 分别对应的 3 个行向量为

$$\boldsymbol{a}_1^{\mathrm{T}}=[1\quad 2\quad -1],\quad \boldsymbol{a}_2^{\mathrm{T}}=[2\quad -3\quad 1],\quad \boldsymbol{a}_3^{\mathrm{T}}=[4\quad 1\quad -1],$$

新方程组

$$\begin{cases}x_1+2x_2-x_3=0,\\ \quad -7x_2+3x_3=0,\\ \quad -7x_2+3x_3=0\end{cases}$$

对应的 3 个行向量为

$$\boldsymbol{b}_1^{\mathrm{T}}=[1\quad 2\quad -1],\quad \boldsymbol{b}_2^{\mathrm{T}}=\boldsymbol{b}_3^{\mathrm{T}}=[0\quad -7\quad 3],$$

其中

$$\boldsymbol{b}_1=\boldsymbol{a}_1,\quad \boldsymbol{b}_2=\boldsymbol{a}_2-2\boldsymbol{a}_1,\quad \boldsymbol{b}_3=\boldsymbol{a}_3-4\boldsymbol{a}_1.$$

由于

$$\boldsymbol{b}_2=\boldsymbol{b}_3,$$

所以

$$\boldsymbol{a}_2-2\boldsymbol{a}_1=\boldsymbol{a}_3-4\boldsymbol{a}_1,$$

整理得

$$\boldsymbol{a}_3=2\boldsymbol{a}_1+\boldsymbol{a}_2,$$

即方程 ③ 是多余的.

定义 4.2 给定向量组 $A:\boldsymbol{a}_1,\boldsymbol{a}_2,\cdots,\boldsymbol{a}_n$ 和向量 $\boldsymbol{b}$(它们均同维数),如果存在实数 $\lambda_1,\lambda_2,\cdots,\lambda_n$,使

$$\boldsymbol{b}=\lambda_1\boldsymbol{a}_1+\lambda_2\boldsymbol{a}_2+\cdots+\lambda_n\boldsymbol{a}_n,$$

则称向量 $\boldsymbol{b}$ 是可以表示为向量组 $A:\boldsymbol{a}_1,\boldsymbol{a}_2,\cdots,\boldsymbol{a}_n$ 的线性组合,或者称向量 $\boldsymbol{b}$ 可由向量组 $A:\boldsymbol{a}_1,\boldsymbol{a}_2,\cdots,\boldsymbol{a}_n$ 线性表示.

由定义 4.2 可知,齐次线性方程组出现多余方程的原因在于某个方程对应的行向量可以表示为其它方程对应的行向量的线性组合.

考虑非齐次线性方程组 $\boldsymbol{Ax}=\boldsymbol{b}$,即

$$\begin{cases}a_{11}x_1+a_{12}x_2+\cdots+a_{1n}x_n=b_1,\\a_{21}x_1+a_{22}x_2+\cdots+a_{2n}x_n=b_2,\\\vdots\\a_{m1}x_1+a_{m2}x_2+\cdots+a_{mn}x_n=b_m,\end{cases}$$

若令

$$\boldsymbol{a}_1=\begin{bmatrix}a_{11}\\a_{21}\\\vdots\\a_{m1}\end{bmatrix},\quad \boldsymbol{a}_2=\begin{bmatrix}a_{12}\\a_{22}\\\vdots\\a_{m2}\end{bmatrix},\quad \cdots,\quad \boldsymbol{a}_n=\begin{bmatrix}a_{1n}\\a_{2n}\\\vdots\\a_{mn}\end{bmatrix},\quad \boldsymbol{b}=\begin{bmatrix}b_1\\b_2\\\vdots\\b_m\end{bmatrix},$$

则方程组可以表示为

$$\begin{bmatrix}a_{11}\\a_{21}\\\vdots\\a_{m1}\end{bmatrix}x_1+\begin{bmatrix}a_{12}\\a_{22}\\\vdots\\a_{m2}\end{bmatrix}x_2+\cdots+\begin{bmatrix}a_{1n}\\a_{2n}\\\vdots\\a_{mn}\end{bmatrix}x_n=\begin{bmatrix}b_1\\b_2\\\vdots\\b_m\end{bmatrix},$$

即

$$\boldsymbol{a}_1x_1+\boldsymbol{a}_2x_2+\cdots+\boldsymbol{a}_nx_n=\boldsymbol{b}.$$

因此方程组 $\boldsymbol{Ax}=\boldsymbol{b}$ 有解等价于向量 $\boldsymbol{b}$ 可由向量组 $A:\boldsymbol{a}_1,\boldsymbol{a}_2,\cdots,\boldsymbol{a}_n$ 线性表示.由上一章 $\boldsymbol{Ax}=\boldsymbol{b}$ 有解的充分必要条件是 $R(\boldsymbol{A})=R(\boldsymbol{A},\boldsymbol{b})$ 可得下面的定理.

定理 4.1　列向量 $\boldsymbol{b}$ 可由向量组 $A:\boldsymbol{a}_1,\boldsymbol{a}_2,\cdots,\boldsymbol{a}_n$ 线性表示的充分必要条件是

$$R(\boldsymbol{a}_1,\boldsymbol{a}_2,\cdots,\boldsymbol{a}_n)=R(\boldsymbol{a}_1,\boldsymbol{a}_2,\cdots,\boldsymbol{a}_n,\boldsymbol{b}).$$

定理 4.1 说明可以由矩阵的秩判断向量组的线性表示.

三、线性相关与线性无关

定义 4.3　设向量组 $A:\boldsymbol{a}_1,\boldsymbol{a}_2,\cdots,\boldsymbol{a}_n$，如果存在不全为 0 的数 $k_1,k_2,\cdots,k_n$，使

$$k_1\boldsymbol{a}_1+k_2\boldsymbol{a}_2+\cdots+k_n\boldsymbol{a}_n=\mathbf{0},$$

则称向量组 $A:\boldsymbol{a}_1,\boldsymbol{a}_2,\cdots,\boldsymbol{a}_n$ 线性相关，否则称其线性无关.

例如，已知向量组

$$\boldsymbol{a}_1=\begin{bmatrix}1\\2\\0\end{bmatrix},\quad \boldsymbol{a}_2=\begin{bmatrix}2\\4\\0\end{bmatrix},\quad \boldsymbol{a}_3=\begin{bmatrix}0\\0\\1\end{bmatrix},$$

很容易看出，存在一组不全为 0 的实数 $-2,1,0$，使得

$$-2\boldsymbol{a}_1+1\boldsymbol{a}_2+0\boldsymbol{a}_3=\mathbf{0},$$

因此，$\boldsymbol{a}_1,\boldsymbol{a}_2,\boldsymbol{a}_3$ 是线性相关的.

又如，已知向量组

$$\boldsymbol{a}_1=\begin{bmatrix}1\\0\\0\end{bmatrix},\quad \boldsymbol{a}_2=\begin{bmatrix}0\\4\\0\end{bmatrix},\quad \boldsymbol{a}_3=\begin{bmatrix}0\\0\\3\end{bmatrix},$$

若设 $k_1\boldsymbol{a}_1+k_2\boldsymbol{a}_2+k_3\boldsymbol{a}_3=\mathbf{0}$，则

$$\begin{bmatrix}k_1\\4k_2\\3k_3\end{bmatrix}=\begin{bmatrix}0\\0\\0\end{bmatrix},$$

解得 $k_1=0,k_2=0,k_3=0$，意即不存在不全为 0 的实数 k_1,k_2,k_3 使得 $k_1\boldsymbol{a}_1+k_2\boldsymbol{a}_2+k_3\boldsymbol{a}_3=\mathbf{0}$，所以 $\boldsymbol{a}_1,\boldsymbol{a}_2,\boldsymbol{a}_3$ 线性无关.

注意　(1) 一般说到向量组 $A:\boldsymbol{a}_1,\boldsymbol{a}_2,\cdots,\boldsymbol{a}_n$，是指向量个数 $n\geqslant 2$，但定义中并未要求 $n\geqslant 2$.那么对于一个向量，线性相关的含义是什么呢？

设

$$\boldsymbol{a}=\begin{bmatrix}a_1\\a_2\\\vdots\\a_n\end{bmatrix},$$

若 $\boldsymbol{a}$ 线性相关，由线性相关的定义，存在实数 $k \neq 0$，使 $k\boldsymbol{a}=\mathbf{0}$，即

$$\begin{bmatrix} ka_1 \\ ka_2 \\ \vdots \\ ka_n \end{bmatrix} = \begin{bmatrix} 0 \\ 0 \\ \vdots \\ 0 \end{bmatrix},$$

必有 $\boldsymbol{a}=\mathbf{0}$；反之，当 $\boldsymbol{a}=\mathbf{0}$ 时，对任意的实数 $k \neq 0$，都有 $k\boldsymbol{a}=\mathbf{0}$，所以它线性相关.因此，**一个向量线性相关的充分必要条件是这个向量为零向量**.反过来，由原命题与逆否命题之间的逻辑关系容易知道，**一个向量线性无关的充分必要条件是这个向量为非零向量**.例如，向量

$$\boldsymbol{a} = \begin{bmatrix} 1 \\ 0 \\ 0 \\ 0 \end{bmatrix}$$

线性无关.

(2) 特殊地，对于两个向量 $\boldsymbol{a}_1,\boldsymbol{a}_2$ 而言，若它们线性相关，则存在不全为 0 的实数 k_1,k_2，使

$$k_1\boldsymbol{a}_1 + k_2\boldsymbol{a}_2 = \mathbf{0},$$

不妨假设 $k_2 \neq 0$，变形得

$$\boldsymbol{a}_2 = -\frac{k_1}{k_2}\boldsymbol{a}_1,$$

若令 $-\dfrac{k_1}{k_2}=\lambda$，则

$$\boldsymbol{a}_2 = \lambda\boldsymbol{a}_1,$$

即向量 $\boldsymbol{a}_1,\boldsymbol{a}_2$ 是共线向量；反之，若 $\boldsymbol{a}_1,\boldsymbol{a}_2$ 是共线向量，也可以证明它们是线性相关的.因此，**两个向量线性相关的充要条件是这两个向量共线(坐标对应成比例)；两个向量线性无关的充要条件是这两个向量不共线(坐标不对应成比例)**.

线性表示与线性相关是什么关系呢？如果向量组 $A:\boldsymbol{a}_1,\boldsymbol{a}_2,\cdots,\boldsymbol{a}_m$ 线性相关，由定义，有一组不全为 0 的数 $k_1,k_2,\cdots,k_m$，使

$$k_1\boldsymbol{a}_1 + k_2\boldsymbol{a}_2 + \cdots + k_m\boldsymbol{a}_m = \mathbf{0},$$

于是至少存在某个 i，使 $k_i \neq 0$，故

$$\boldsymbol{a}_i = -\frac{k_1}{k_i}\boldsymbol{a}_1 - \cdots - \frac{k_{i-1}}{k_i}\boldsymbol{a}_{i-1} - \frac{k_{i+1}}{k_i}\boldsymbol{a}_{i+1} - \cdots - \frac{k_m}{k_i}\boldsymbol{a}_m,$$

即 $\boldsymbol{a}_i$ 可由其余向量线性表示;反之,当某一向量 $\boldsymbol{a}_i$ 可由其余向量线性表示时,即

$$\boldsymbol{a}_i = \sum_{\substack{j=1 \\ j\neq i}}^{m} k_j \boldsymbol{a}_j,$$

则有

$$k_1\boldsymbol{a}_1 + \cdots + k_{i-1}\boldsymbol{a}_{i-1} + (-1)\boldsymbol{a}_i + k_{i+1}\boldsymbol{a}_{i+1} + \cdots + k_m\boldsymbol{a}_m = \boldsymbol{0},$$

说明 $\boldsymbol{a}_1,\boldsymbol{a}_2,\cdots,\boldsymbol{a}_m$ 线性相关.于是有下面的定理.

定理 4.2　向量组 $A:\boldsymbol{a}_1,\boldsymbol{a}_2,\cdots,\boldsymbol{a}_m(m\geqslant 2)$ 线性相关的充分必要条件是至少有一个向量可由其余向量线性表示.

考虑齐次线性方程组 $\boldsymbol{Ax}=\boldsymbol{0}$,即

$$\begin{cases} a_{11}x_1 + a_{12}x_2 + \cdots + a_{1n}x_n = 0, \\ a_{21}x_1 + a_{22}x_2 + \cdots + a_{2n}x_n = 0, \\ \vdots \\ a_{m1}x_1 + a_{m2}x_2 + \cdots + a_{mn}x_n = 0, \end{cases}$$

若令

$$\boldsymbol{a}_1 = \begin{bmatrix} a_{11} \\ a_{21} \\ \vdots \\ a_{m1} \end{bmatrix}, \quad \boldsymbol{a}_2 = \begin{bmatrix} a_{12} \\ a_{22} \\ \vdots \\ a_{m2} \end{bmatrix}, \quad \cdots, \quad \boldsymbol{a}_n = \begin{bmatrix} a_{1n} \\ a_{2n} \\ \vdots \\ a_{mn} \end{bmatrix},$$

则方程组可以表示为

$$\begin{bmatrix} a_{11} \\ a_{21} \\ \vdots \\ a_{m1} \end{bmatrix} x_1 + \begin{bmatrix} a_{12} \\ a_{22} \\ \vdots \\ a_{m2} \end{bmatrix} x_2 + \cdots + \begin{bmatrix} a_{1n} \\ a_{2n} \\ \vdots \\ a_{mn} \end{bmatrix} x_n = \begin{bmatrix} 0 \\ 0 \\ \vdots \\ 0 \end{bmatrix}.$$

令系数矩阵 $\boldsymbol{A}=[\boldsymbol{a}_1 \quad \boldsymbol{a}_2 \quad \cdots \quad \boldsymbol{a}_n]$,则方程组可以写为

$$x_1\boldsymbol{a}_1 + x_2\boldsymbol{a}_2 + \cdots + x_n\boldsymbol{a}_n = \boldsymbol{0}.$$

这样,向量组 $A:\boldsymbol{a}_1,\boldsymbol{a}_2,\cdots,\boldsymbol{a}_n$ 线性相关等价于方程组 $x_1\boldsymbol{a}_1 + x_2\boldsymbol{a}_2 + \cdots + x_n\boldsymbol{a}_n = \boldsymbol{0}$ 有非零解.

而由第三章第三节知,$\boldsymbol{Ax}=\boldsymbol{0}$ 有非零解的充分必要条件是 $R(\boldsymbol{A})<n=\boldsymbol{A}$ 的列

数,因此有下面的定理.

定理 4.3 列向量组 $A:\boldsymbol{a}_1,\boldsymbol{a}_2,\cdots,\boldsymbol{a}_n(n\geqslant 2)$ 线性相关的充分必要条件是

$$R(\boldsymbol{a}_1,\boldsymbol{a}_2,\cdots,\boldsymbol{a}_n)<n,$$

线性无关的充分必要条件是 $R(\boldsymbol{a}_1,\boldsymbol{a}_2,\cdots,\boldsymbol{a}_n)=n$.

例 1 设

$$\boldsymbol{a}_1=\begin{bmatrix}1\\1\\1\end{bmatrix},\quad \boldsymbol{a}_2=\begin{bmatrix}0\\2\\5\end{bmatrix},\quad \boldsymbol{a}_3=\begin{bmatrix}2\\4\\7\end{bmatrix},$$

讨论向量组 $\boldsymbol{a}_1,\boldsymbol{a}_2,\boldsymbol{a}_3$ 及向量组 $\boldsymbol{a}_1,\boldsymbol{a}_2$ 的线性相关性.

解法一(按定义 4.3) 令

$$k_1\begin{bmatrix}1\\1\\1\end{bmatrix}+k_2\begin{bmatrix}0\\2\\5\end{bmatrix}+k_3\begin{bmatrix}2\\4\\7\end{bmatrix}=\begin{bmatrix}k_1+2k_3\\k_1+2k_2+4k_3\\k_1+5k_2+7k_3\end{bmatrix}=\begin{bmatrix}0\\0\\0\end{bmatrix},$$

则

$$\begin{cases}k_1 \qquad\quad +2k_3=0,\\k_1+2k_2+4k_3=0,\\k_1+5k_2+7k_3=0.\end{cases}$$

由于

$$\boldsymbol{A}=\begin{bmatrix}1&0&2\\1&2&4\\1&5&7\end{bmatrix}\xrightarrow{r}\begin{bmatrix}1&0&2\\0&2&2\\0&5&5\end{bmatrix}\xrightarrow{r}\begin{bmatrix}1&0&2\\0&1&1\\0&0&0\end{bmatrix},$$

容易看出 $R(\boldsymbol{A})=2<3$,所以有非零解,因此 $\boldsymbol{a}_1,\boldsymbol{a}_2,\boldsymbol{a}_3$ 线性相关.

再令

$$k_1\begin{bmatrix}1\\1\\1\end{bmatrix}+k_2\begin{bmatrix}0\\2\\5\end{bmatrix}=\begin{bmatrix}k_1\\k_1+2k_2\\k_1+5k_2\end{bmatrix}=\boldsymbol{0},$$

则有

$$\begin{cases}k_1 \qquad\quad =0,\\k_1+2k_2=0,\\k_1+5k_2=0,\end{cases}$$

即 $k_1=k_2=0$，故 $\boldsymbol{a}_1,\boldsymbol{a}_2$ 线性无关.

解法二（按定理 4.3）　由于

$$(\boldsymbol{a}_1,\boldsymbol{a}_2,\boldsymbol{a}_3)=\begin{bmatrix}1&0&2\\1&2&4\\1&5&7\end{bmatrix}\xrightarrow{r}\begin{bmatrix}1&0&2\\0&1&1\\0&0&0\end{bmatrix},$$

所以 $R(\boldsymbol{a}_1,\boldsymbol{a}_2,\boldsymbol{a}_3)=2<3$，$R(\boldsymbol{a}_1,\boldsymbol{a}_2)=2$，故 $\boldsymbol{a}_1,\boldsymbol{a}_2,\boldsymbol{a}_3$ 线性相关，$\boldsymbol{a}_1,\boldsymbol{a}_2$ 线性无关.

例 2　设

$$\boldsymbol{a}_1^{\mathrm{T}}=(1,0,1,0),\quad \boldsymbol{a}_2^{\mathrm{T}}=(0,1,1,0),\quad \boldsymbol{a}_3^{\mathrm{T}}=(1,0,1,1),$$

讨论 $\boldsymbol{a}_1^{\mathrm{T}},\boldsymbol{a}_2^{\mathrm{T}},\boldsymbol{a}_3^{\mathrm{T}}$ 的线性相关性.

解　行向量组的线性相关性既可由定义判定，也可将其转化为对应的列向量组，然后由定理讨论.

由于

$$(\boldsymbol{a}_1,\boldsymbol{a}_2,\boldsymbol{a}_3)=\begin{bmatrix}1&0&1\\0&1&0\\1&1&1\\0&0&1\end{bmatrix}\xrightarrow{r}\begin{bmatrix}1&0&1\\0&1&0\\0&1&0\\0&0&1\end{bmatrix}$$

$$\xrightarrow{r}\begin{bmatrix}1&0&1\\0&1&0\\0&0&0\\0&0&1\end{bmatrix}\xrightarrow{r}\begin{bmatrix}1&0&1\\0&1&0\\0&0&1\\0&0&0\end{bmatrix},$$

故 $R(\boldsymbol{a}_1,\boldsymbol{a}_2,\boldsymbol{a}_3)=3$，即 $\boldsymbol{a}_1,\boldsymbol{a}_2,\boldsymbol{a}_3$ 线性无关，则 $\boldsymbol{a}_1^{\mathrm{T}},\boldsymbol{a}_2^{\mathrm{T}},\boldsymbol{a}_3^{\mathrm{T}}$ 也线性无关.

例 3　已知 $\boldsymbol{a}_1,\boldsymbol{a}_2,\boldsymbol{a}_3$ 线性无关，若 $\boldsymbol{b}_1=\boldsymbol{a}_1+\boldsymbol{a}_2$，$\boldsymbol{b}_2=\boldsymbol{a}_2+\boldsymbol{a}_3$，$\boldsymbol{b}_3=\boldsymbol{a}_3+\boldsymbol{a}_1$，证明：$\boldsymbol{b}_1,\boldsymbol{b}_2,\boldsymbol{b}_3$ 也线性无关.

证明　设

$$k_1\boldsymbol{b}_1+k_2\boldsymbol{b}_2+k_3\boldsymbol{b}_3=\boldsymbol{0},$$

即

$$k_1(\boldsymbol{a}_1+\boldsymbol{a}_2)+k_2(\boldsymbol{a}_2+\boldsymbol{a}_3)+k_3(\boldsymbol{a}_3+\boldsymbol{a}_1)=\boldsymbol{0},$$

也就是

$$(k_1+k_3)\boldsymbol{a}_1+(k_1+k_2)\boldsymbol{a}_2+(k_3+k_2)\boldsymbol{a}_3=\boldsymbol{0}.$$

因为 $\boldsymbol{a}_1,\boldsymbol{a}_2,\boldsymbol{a}_3$ 线性无关，故有

$$\begin{cases} k_1 + \qquad k_3 = 0, \\ k_1 + k_2 \qquad = 0, \\ \qquad k_2 + k_3 = 0. \end{cases}$$

由于

$$\boldsymbol{A} = \begin{bmatrix} 1 & 0 & 1 \\ 1 & 1 & 0 \\ 0 & 1 & 1 \end{bmatrix} \xrightarrow{r} \begin{bmatrix} 1 & 0 & 1 \\ 0 & 1 & -1 \\ 0 & 1 & 1 \end{bmatrix} \xrightarrow{r} \begin{bmatrix} 1 & 0 & 1 \\ 0 & 1 & -1 \\ 0 & 0 & 2 \end{bmatrix},$$

即 $R(\boldsymbol{A}) = 3$，与其列数相等，因此仅有零解，故 $\boldsymbol{b}_1, \boldsymbol{b}_2, \boldsymbol{b}_3$ 也线性无关.

下面介绍线性相关的一些简单的性质.

定理 4.4 (1) 向量组部分相关，则整体相关；反之，向量组整体无关，则部分无关.

(2) 向量组中向量个数大于向量维数，则该向量组必线性相关.

(3) 若向量组 $A: \boldsymbol{a}_1, \boldsymbol{a}_2, \cdots, \boldsymbol{a}_m$ 线性无关，向量组 $B: \boldsymbol{a}_1, \cdots, \boldsymbol{a}_m, \boldsymbol{b}$ 线性相关，则 $\boldsymbol{b}$ 可唯一地表示为 A 的线性组合.

(4) n 个 n 维向量 $\boldsymbol{a}_1, \boldsymbol{a}_2 \cdots, \boldsymbol{a}_n$ 线性相关的充分必要条件是 $|(\boldsymbol{a}_1, \boldsymbol{a}_2 \cdots, \boldsymbol{a}_n)| = 0$，线性无关的充分必要条件是 $|(\boldsymbol{a}_1, \boldsymbol{a}_2 \cdots, \boldsymbol{a}_n)| \neq 0$.

证明 (1) 设 $\boldsymbol{a}_1, \boldsymbol{a}_2, \cdots, \boldsymbol{a}_m$ 线性相关，则有不全为 0 的数 $k_1, k_2, \cdots, k_m$，使

$$k_1 \boldsymbol{a}_1 + k_2 \boldsymbol{a}_2 + \cdots + k_m \boldsymbol{a}_m = \boldsymbol{0},$$

所以

$$k_1 \boldsymbol{a}_1 + k_2 \boldsymbol{a}_2 + \cdots + k_m \boldsymbol{a}_m + 0 \boldsymbol{a}_{m+1} + \cdots + 0 \boldsymbol{a}_n = \boldsymbol{0} \quad (n > m),$$

即 $\boldsymbol{a}_1, \cdots, \boldsymbol{a}_m, \cdots, \boldsymbol{a}_n$ 线性相关.

(2) 设

$$\boldsymbol{a}_1 = \begin{bmatrix} a_{11} \\ a_{21} \\ \vdots \\ a_{m1} \end{bmatrix}, \quad \boldsymbol{a}_2 = \begin{bmatrix} a_{12} \\ a_{22} \\ \vdots \\ a_{m2} \end{bmatrix}, \quad \cdots, \quad \boldsymbol{a}_n = \begin{bmatrix} a_{1n} \\ a_{2n} \\ \vdots \\ a_{mn} \end{bmatrix} \quad (n > m),$$

$$\boldsymbol{A} = [\boldsymbol{a}_1 \quad \boldsymbol{a}_2 \quad \cdots \quad \boldsymbol{a}_n]_{m \times n},$$

必有 $R(\boldsymbol{A}) \leqslant m < n$，由定理 4.3 知，$\boldsymbol{a}_1, \boldsymbol{a}_2, \cdots, \boldsymbol{a}_n$ 线性相关.

(3) 因为

$$k_1 \boldsymbol{a}_1 + k_2 \boldsymbol{a}_2 + \cdots + k_m \boldsymbol{a}_m + k \boldsymbol{b} = \boldsymbol{0},$$

由于 $k_1, k_2, \cdots, k_m, k$ 不全为 0，若 $k = 0$，则必有

$$k_1\boldsymbol{a}_1+k_2\boldsymbol{a}_2+\cdots+k_m\boldsymbol{a}_m=\boldsymbol{0},$$

而 $\boldsymbol{a}_1,\boldsymbol{a}_2,\cdots,\boldsymbol{a}_m$ 线性无关，故 $k_i=0(i=1,2,\cdots,m)$，矛盾.所以 $k\neq 0$，则

$$\boldsymbol{b}=-\frac{k_1}{k}\boldsymbol{a}_1-\frac{k_2}{k}\boldsymbol{a}_2-\cdots-\frac{k_m}{k}\boldsymbol{a}_m=\sum_{i=1}^{m}\lambda_i\boldsymbol{a}_i.$$

若还存在

$$\boldsymbol{b}=\sum_{i=1}^{m}\lambda'_i\boldsymbol{a}_i,$$

则

$$\boldsymbol{b}-\boldsymbol{b}=\sum_{i=1}^{m}(\lambda_i-\lambda'_i)\boldsymbol{a}_i=\boldsymbol{0},$$

因为 $\boldsymbol{a}_1,\boldsymbol{a}_2,\cdots,\boldsymbol{a}_m$ 线性无关，必有 $\lambda_i-\lambda'_i=0(i=1,2,\cdots,m)$，因此表达式是唯一的.

(4) 证明略.

第二节　向量组的秩

上一节在讨论向量组的线性表示和线性相关性时，矩阵的秩起到十分重要的作用.为使讨论进一步深入，下面我们把秩的概念引入向量组中.

定义 4.4　设有向量组 A，如果 $\boldsymbol{a}_1,\boldsymbol{a}_2,\cdots,\boldsymbol{a}_r\in A$，且

(1) $\boldsymbol{a}_1,\boldsymbol{a}_2,\cdots,\boldsymbol{a}_r$ 线性无关；

(2) 向量组 A 中任意 $r+1$ 个向量(如果有的话) 线性相关，

则称 r 为向量组 A 的秩，且 $\boldsymbol{a}_1,\boldsymbol{a}_2,\cdots,\boldsymbol{a}_r$ 为 A 的一个极大无关组.

显然，r 是 A 中线性无关的向量个数的最大值，因此 r 是唯一的，但极大无关组一般情况下并不唯一.

定理 4.5　矩阵的秩等于它的列向量组的秩，也等于它的行向量组的秩.

该定理给出了向量组的秩与矩阵的秩之间的关系，利用这一关系不仅可以判断向量组的线性相关性，同时也可以用初等变换求得矩阵的秩和极大无关组.

例 1　设

$$\boldsymbol{A}=\begin{bmatrix}2&-1&-1&1&2\\1&1&-2&1&4\\4&-6&2&-2&4\\3&6&-9&7&9\end{bmatrix},$$

求 $\boldsymbol{A}$ 的列向量组 $\boldsymbol{a}_1,\boldsymbol{a}_2,\cdots,\boldsymbol{a}_5$ 及行向量组 $\boldsymbol{b}_1^{\mathrm{T}},\boldsymbol{b}_2^{\mathrm{T}},\cdots,\boldsymbol{b}_4^{\mathrm{T}}$ 的秩，并求出相应的一个

极大无关组.

解 因为

$$A=\begin{bmatrix}2&-1&-1&1&2\\1&1&-2&1&4\\4&-6&2&-2&4\\3&6&-9&7&9\end{bmatrix}\begin{matrix}①\\②\\③\\④\end{matrix}$$

$$\xrightarrow{r}\begin{bmatrix}1&1&-2&1&4\\2&-1&-1&1&2\\4&-6&2&-2&4\\3&6&-9&7&9\end{bmatrix}\begin{matrix}②\\①\\③\\④\end{matrix}$$

$$\xrightarrow{r}\begin{bmatrix}1&1&-2&1&4\\0&-3&3&-1&-6\\0&-10&10&-6&-12\\0&3&-3&4&-3\end{bmatrix}\begin{matrix}②\\①\\③\\④\end{matrix}$$

$$\xrightarrow{r}\begin{bmatrix}1&1&-2&1&4\\0&-3&3&-1&-6\\0&0&0&-\frac{8}{3}&8\\0&0&0&3&-9\end{bmatrix}\begin{matrix}②\\①\\③\\④\end{matrix}$$

$$\xrightarrow{r}\begin{bmatrix}1&1&-2&1&4\\0&-3&3&-1&-6\\0&0&0&1&-3\\0&0&0&0&0\end{bmatrix}\begin{matrix}②\\①\\③\\④\end{matrix},$$

所以 $R(\boldsymbol{A})=3$，于是 $\boldsymbol{a}_1,\boldsymbol{a}_2,\cdots,\boldsymbol{a}_5$ 及 $\boldsymbol{b}_1^{\mathrm{T}},\boldsymbol{b}_2^{\mathrm{T}},\cdots,\boldsymbol{b}_4^{\mathrm{T}}$ 的秩均为 3.又

$$\begin{vmatrix}1&1&1\\0&-3&-1\\0&0&1\end{vmatrix}\neq 0,$$

它所在的行向量和列向量分别为一个极大无关组，即 $\boldsymbol{a}_1,\boldsymbol{a}_2,\boldsymbol{a}_4$ 和 $\boldsymbol{b}_1^{\mathrm{T}},\boldsymbol{b}_2^{\mathrm{T}},\boldsymbol{b}_3^{\mathrm{T}}$ 分别为对应列向量组和行向量组的一个极大无关组(并不唯一).

第三节　线性方程组解的结构

上一章我们已经介绍了用初等变换法求解线性方程组 $\boldsymbol{Ax}=\boldsymbol{0}$ 及 $\boldsymbol{Ax}=\boldsymbol{b}$，并且得到了方程组有无穷多解的判定条件及求解方法.当方程组有无穷多解时，可构造解的集合.但解集合如何构造呢？本节我们利用向量来探讨线性方程组解的结构.

一、齐次方程组

设 $\boldsymbol{Ax}=\boldsymbol{0}$,其中 $\boldsymbol{A}=(a_{ij})_{m\times n}$,$\boldsymbol{x}=(x_1,x_2,\cdots,x_n)^{\mathrm{T}}$,当它有无穷多解时,它的所有解具有以下性质.

性质 4.1　设 $\boldsymbol{\xi}_1,\boldsymbol{\xi}_2$ 为 $\boldsymbol{Ax}=\boldsymbol{0}$ 的任意两个解,则 $\boldsymbol{\xi}_1+\boldsymbol{\xi}_2$ 也是它的解.

证明　因为 $\boldsymbol{\xi}_1,\boldsymbol{\xi}_2$ 为 $\boldsymbol{Ax}=\boldsymbol{0}$ 的任意两个解,则有 $\boldsymbol{A\xi}_1=\boldsymbol{0}$,$\boldsymbol{A\xi}_2=\boldsymbol{0}$,于是

$$\boldsymbol{A}(\boldsymbol{\xi}_1+\boldsymbol{\xi}_2)=\boldsymbol{A\xi}_1+\boldsymbol{A\xi}_2=\boldsymbol{0}+\boldsymbol{0}=\boldsymbol{0},$$

此式说明 $\boldsymbol{\xi}_1+\boldsymbol{\xi}_2$ 也满足方程组 $\boldsymbol{Ax}=\boldsymbol{0}$,即 $\boldsymbol{\xi}_1+\boldsymbol{\xi}_2$ 也是它的解.

性质 4.2　设 $\boldsymbol{\xi}$ 为 $\boldsymbol{Ax}=\boldsymbol{0}$ 的任意一个解,λ 为任意一个数,则 $\lambda\boldsymbol{\xi}$ 也为其解.

证明　因为 $\boldsymbol{\xi}$ 为 $\boldsymbol{Ax}=\boldsymbol{0}$ 的任意一个解,则有 $\boldsymbol{A\xi}=\boldsymbol{0}$,对于任意实数 λ,有

$$\boldsymbol{A}(\lambda\boldsymbol{\xi})=\lambda(\boldsymbol{A\xi})=\boldsymbol{0},$$

此式说明 $\lambda\boldsymbol{\xi}$ 也满足方程组 $\boldsymbol{Ax}=\boldsymbol{0}$,即 $\lambda\boldsymbol{\xi}$ 也是它的解.

结合性质 4.1 和性质 4.2,可得齐次线性方程组**解的叠加原理**:

定理 4.6　设 $\boldsymbol{\xi}_1,\boldsymbol{\xi}_2$ 为齐次线性方程组 $\boldsymbol{Ax}=\boldsymbol{0}$ 的任意两个解,则对于任意实数 λ_1,λ_2,$\lambda_1\boldsymbol{\xi}_1+\lambda_2\boldsymbol{\xi}_2$ 也是方程组 $\boldsymbol{Ax}=\boldsymbol{0}$ 的解.即齐次线性方程组任意两个解的线性组合也是该方程组的解.

下面讨论齐次线性方程组解的结构.

设 $R(\boldsymbol{A})=r<n$,则 $\boldsymbol{A}$ 的行最简形为

$$\boldsymbol{A}\xrightarrow{r}\cdots\xrightarrow{r}\begin{bmatrix}1 & & 0 & b_{1,r+1} & \cdots & b_{1n}\\ & \ddots & & \vdots & & \vdots\\ 0 & & 1 & b_{r,r+1} & \cdots & b_{rn}\\ 0 & \cdots & 0 & 0 & \cdots & 0\\ \vdots & & \vdots & \vdots & & \vdots\\ 0 & \cdots & 0 & 0 & \cdots & 0\end{bmatrix},$$

等价方程组为

$$\begin{cases}x_1+b_{1,r+1}x_{r+1}+\cdots+b_{1n}x_n=0,\\ \vdots\\ x_r+b_{r,r+1}x_{r+1}+\cdots+b_{rn}x_n=0,\end{cases}$$

选择 $x_{r+1},x_{r+2},\cdots,x_n$ 为自由未知量,得到解为

$$\begin{cases}x_1=-b_{1,r+1}x_{r+1}-\cdots-b_{1n}x_n,\\ \vdots\\ x_r=-b_{r,r+1}x_{r+1}-\cdots-b_{rn}x_n,\end{cases}$$

则其通解为

$$\begin{bmatrix} x_1 \\ \vdots \\ x_r \\ x_{r+1} \\ x_{r+2} \\ \vdots \\ x_n \end{bmatrix} = \begin{bmatrix} -b_{1,r+1} \\ \vdots \\ -b_{r,r+1} \\ 1 \\ 0 \\ \vdots \\ 0 \end{bmatrix} x_{r+1} + \begin{bmatrix} -b_{1,r+2} \\ \vdots \\ -b_{r,r+2} \\ 0 \\ 1 \\ \vdots \\ 0 \end{bmatrix} x_{r+2} + \cdots + \begin{bmatrix} -b_{1n} \\ \vdots \\ -b_{rn} \\ 0 \\ \vdots \\ 0 \\ 1 \end{bmatrix} x_n,$$

其中，$x_{r+1}, x_{r+2}, \cdots, x_n$ 为任意实数.

若令

$$\boldsymbol{\xi}_1 = \begin{bmatrix} -b_{1,r+1} \\ \vdots \\ -b_{r,r+1} \\ 1 \\ 0 \\ \vdots \\ 0 \end{bmatrix}, \quad \boldsymbol{\xi}_2 = \begin{bmatrix} -b_{1,r+2} \\ \vdots \\ -b_{r,r+2} \\ 0 \\ 1 \\ \vdots \\ 0 \end{bmatrix}, \quad \cdots, \quad \boldsymbol{\xi}_{n-r} = \begin{bmatrix} -b_{1n} \\ \vdots \\ -b_{rn} \\ 0 \\ \vdots \\ 0 \\ 1 \end{bmatrix},$$

再令 $k_1 = x_{r+1}, k_2 = x_{r+2}, \cdots, k_{n-r} = x_n$，则得通解为

$$\boldsymbol{x} = k_1\boldsymbol{\xi}_1 + k_2\boldsymbol{\xi}_2 + \cdots + k_{n-r}\boldsymbol{\xi}_{n-r}.$$

那么这个通解是什么结构呢？我们不难发现它同时满足：① $\boldsymbol{\xi}_1, \boldsymbol{\xi}_2, \cdots, \boldsymbol{\xi}_{n-r}$ 都是方程组的解(这一点只要令实数 $k_1, k_2, \cdots, k_{n-r}$ 为特殊值就可以看到)；② 由于

$$R(\boldsymbol{\xi}_1, \boldsymbol{\xi}_2, \cdots, \boldsymbol{\xi}_{n-r}) = n - r = \text{向量的个数},$$

所以 $\boldsymbol{\xi}_1, \boldsymbol{\xi}_2, \cdots, \boldsymbol{\xi}_{n-r}$ 是线性无关的.因此得到下面的定理.

定理 4.7 设 $\boldsymbol{A}_{m\times n}$，则齐次线性方程组 $\boldsymbol{Ax} = \boldsymbol{0}$ 的通解是它的 $n - R(\boldsymbol{A})$ 个线性无关解的线性组合.

我们把这 $n - R(\boldsymbol{A})$ 个线性无关解称为齐次线性方程组 $\boldsymbol{Ax} = \boldsymbol{0}$ 的基础解系.

例 1 求齐次线性方程组

$$\begin{cases} x_1 + x_2 - x_3 - x_4 = 0, \\ 2x_1 - 5x_2 + 3x_3 + 2x_4 = 0, \\ 7x_1 - 7x_2 + 3x_3 + x_4 = 0 \end{cases}$$

的基础解系与通解.

解 因为

$$A=\begin{bmatrix}1&1&-1&-1\\2&-5&3&2\\7&-7&3&1\end{bmatrix}\xrightarrow{r}\begin{bmatrix}1&1&-1&-1\\0&-7&5&4\\0&-14&10&8\end{bmatrix}$$

$$\xrightarrow{r}\begin{bmatrix}1&1&-1&-1\\0&-7&5&4\\0&0&0&0\end{bmatrix},$$

选 x_3,x_4 为自由未知量,则

$$\begin{cases}x_1=\frac{2}{7}x_3+\frac{3}{7}x_4,\\x_2=\frac{5}{7}x_3+\frac{4}{7}x_4,\\x_3=1\cdot x_3+0\cdot x_4,\\x_4=0\cdot x_3+1\cdot x_4,\end{cases}$$

通解为

$$\begin{bmatrix}x_1\\x_2\\x_3\\x_4\end{bmatrix}=\begin{bmatrix}\frac{2}{7}\\\frac{5}{7}\\1\\0\end{bmatrix}k_1+\begin{bmatrix}\frac{3}{7}\\\frac{4}{7}\\0\\1\end{bmatrix}k_2\quad(k_1,k_2\text{ 为任意实数}),$$

基础解系为

$$\boldsymbol{\xi}_1=\begin{bmatrix}\frac{2}{7}\\\frac{5}{7}\\1\\0\end{bmatrix},\quad\boldsymbol{\xi}_2=\begin{bmatrix}\frac{3}{7}\\\frac{4}{7}\\0\\1\end{bmatrix}.$$

注　由于 k_1,k_2 是任意实数,令 $k_1=7q_1,k_2=7q_2$,则

$$\begin{bmatrix}x_1\\x_2\\x_3\\x_4\end{bmatrix}=\begin{bmatrix}2\\5\\7\\0\end{bmatrix}q_1+\begin{bmatrix}3\\4\\0\\7\end{bmatrix}q_2\quad(q_1,q_2\text{ 为任意实数}),$$

所以

$$\boldsymbol{\eta}_1=\begin{bmatrix}2\\5\\7\\0\end{bmatrix},\quad \boldsymbol{\eta}_2=\begin{bmatrix}3\\4\\0\\7\end{bmatrix}$$

也是基础解系.

若选择 x_2,x_3 为自由未知量,则

$$\begin{cases}x_1=\dfrac{3}{4}x_2-\dfrac{1}{4}x_3,\\x_2=1\cdot x_2+0\cdot x_3,\\x_3=0\cdot x_2+1\cdot x_3,\\x_4=\dfrac{7}{4}x_2-\dfrac{5}{4}x_3,\end{cases}$$

通解为

$$\begin{bmatrix}x_1\\x_2\\x_3\\x_4\end{bmatrix}=\begin{bmatrix}\dfrac{3}{4}\\1\\0\\\dfrac{7}{4}\end{bmatrix}k_1+\begin{bmatrix}-\dfrac{1}{4}\\0\\1\\-\dfrac{5}{4}\end{bmatrix}k_2\quad (k_1,k_2\text{ 为任意实数}),$$

其中

$$\begin{bmatrix}\dfrac{3}{4}\\1\\0\\\dfrac{7}{4}\end{bmatrix}\quad\text{和}\quad\begin{bmatrix}-\dfrac{1}{4}\\0\\1\\-\dfrac{5}{4}\end{bmatrix}$$

为基础解系.

从上例可以看出,自由未知数的选择不唯一,导致基础解系所包含的向量不相同,通解也就不同,但基础解系所包含的向量的个数是确定的,所以**通解的结构**是唯一的.

二、非齐次方程组

上一章我们研究过,对 $\boldsymbol{A}_{m\times n}$,当 $R(\boldsymbol{A})=R(\boldsymbol{A},\boldsymbol{b})<n$ 时非齐次方程组 $\boldsymbol{Ax}=\boldsymbol{b}$ 有无穷多解.为叙述方便,称方程组 $\boldsymbol{Ax}=\boldsymbol{0}$ 为非齐次方程组 $\boldsymbol{Ax}=\boldsymbol{b}$ 的导出组或对应

的齐次线性方程组.非齐次方程组 $\boldsymbol{Ax}=\boldsymbol{b}$ 的解具有如下性质.

性质 4.3　如果 $\boldsymbol{\eta}_1,\boldsymbol{\eta}_2$ 是非齐次方程组 $\boldsymbol{Ax}=\boldsymbol{b}$ 的任意两个解,则 $\boldsymbol{\eta}_1-\boldsymbol{\eta}_2$ 为对应的导出组的解.

这是因为

$$\left.\begin{aligned}\boldsymbol{A\eta}_1=\boldsymbol{b}\\ \boldsymbol{A\eta}_2=\boldsymbol{b}\end{aligned}\right\}\Rightarrow \boldsymbol{A}(\boldsymbol{\eta}_1-\boldsymbol{\eta}_2)=\boldsymbol{b}-\boldsymbol{b}=\boldsymbol{0}.$$

性质 4.4　设 $\boldsymbol{\eta}$ 是 $\boldsymbol{Ax}=\boldsymbol{b}$ 的解,$\boldsymbol{\xi}$ 是 $\boldsymbol{Ax}=\boldsymbol{0}$ 的解,则 $\boldsymbol{\eta}+\boldsymbol{\xi}$ 是 $\boldsymbol{Ax}=\boldsymbol{b}$ 的解.

这是因为

$$\left.\begin{aligned}\boldsymbol{A\eta}=\boldsymbol{b}\\ \boldsymbol{A\xi}=\boldsymbol{0}\end{aligned}\right\}\Rightarrow \boldsymbol{A}(\boldsymbol{\eta}+\boldsymbol{\xi})=\boldsymbol{b}+\boldsymbol{0}=\boldsymbol{b}.$$

性质 4.5　如果 $\boldsymbol{\eta}_1,\boldsymbol{\eta}_2$ 是 $\boldsymbol{Ax}=\boldsymbol{b}$ 的解,则 $\dfrac{\boldsymbol{\eta}_1+\boldsymbol{\eta}_2}{2}$ 也是 $\boldsymbol{Ax}=\boldsymbol{b}$ 的解.

这是因为

$$\left.\begin{aligned}\boldsymbol{A\eta}_1=\boldsymbol{b}\\ \boldsymbol{A\eta}_2=\boldsymbol{b}\end{aligned}\right\}\Rightarrow \boldsymbol{A}\left(\frac{\boldsymbol{\eta}_1+\boldsymbol{\eta}_2}{2}\right)=\boldsymbol{A}\left(\frac{1}{2}\boldsymbol{\eta}_1\right)+\boldsymbol{A}\left(\frac{1}{2}\boldsymbol{\eta}_2\right)=\frac{1}{2}\boldsymbol{b}+\frac{1}{2}\boldsymbol{b}=\boldsymbol{b}.$$

下面讨论非齐次线性方程组解的结构.

设 $\boldsymbol{A}=(a_{ij})_{m\times n}$,$\boldsymbol{\xi}_1,\boldsymbol{\xi}_2,\cdots,\boldsymbol{\xi}_{n-r}$ 是齐次线性方程组 $\boldsymbol{Ax}=\boldsymbol{0}$ 的基础解系,则齐次线性方程组 $\boldsymbol{Ax}=\boldsymbol{0}$ 的通解为

$$\boldsymbol{x}=k_1\boldsymbol{\xi}_1+k_2\boldsymbol{\xi}_2+\cdots+k_{n-r}\boldsymbol{\xi}_{n-r}.$$

又设 $\boldsymbol{\eta}^*$ 是非齐次线性方程组 $\boldsymbol{Ax}=\boldsymbol{b}$ 的一个特解,则对于非齐次线性方程组的任意一个解 $\boldsymbol{\eta}$,由性质 4.3 可知,$\boldsymbol{\eta}-\boldsymbol{\eta}^*$ 一定是对应的导出组的解,所以有

$$\boldsymbol{\eta}-\boldsymbol{\eta}^*=k_1\boldsymbol{\xi}_1+k_2\boldsymbol{\xi}_2+\cdots+k_{n-r}\boldsymbol{\xi}_{n-r},$$

变形得

$$\boldsymbol{\eta}=k_1\boldsymbol{\xi}_1+k_2\boldsymbol{\xi}_2+\cdots+k_{n-r}\boldsymbol{\xi}_{n-r}+\boldsymbol{\eta}^*.$$

上式表明,非齐次线性方程组的通解等于其导出组的通解与它本身的一个特解之和.

例 2　求非齐次线性方程组

$$\begin{cases}x_1-x_2-\ \ x_3+\ \ x_4=0,\\ x_1-x_2+\ \ x_3-3x_4=1,\\ x_1-x_2-2x_3+3x_4=-\dfrac{1}{2}\end{cases}$$

的通解,并指出对应齐次方程组的基础解系及非齐次方程组的一个特解.

解　对增广矩阵作初等行变换,可得

$$B=(A,b)=\begin{bmatrix}1 & -1 & -1 & 1 & 0\\ 1 & -1 & 1 & -3 & 1\\ 1 & -1 & -2 & 3 & -\frac{1}{2}\end{bmatrix}$$

$$\to\begin{bmatrix}1 & -1 & -1 & 1 & 0\\ 0 & 0 & 2 & -4 & 1\\ 0 & 0 & -1 & 2 & -\frac{1}{2}\end{bmatrix}$$

$$\to\begin{bmatrix}1 & -1 & -1 & 1 & 0\\ 0 & 0 & 2 & -4 & 1\\ 0 & 0 & 0 & 0 & 0\end{bmatrix}.$$

若选择 x_1,x_4 为自由未知量,则

$$\begin{cases}x_1=1x_1+0x_4,\\ x_2=1x_1-1x_4-\dfrac{1}{2},\\ x_3=0x_1+2x_4+\dfrac{1}{2},\\ x_4=0x_1+1x_4,\end{cases}$$

通解为

$$\begin{bmatrix}x_1\\ x_2\\ x_3\\ x_4\end{bmatrix}=\begin{bmatrix}1\\ 1\\ 0\\ 0\end{bmatrix}k_1+\begin{bmatrix}0\\ -1\\ 2\\ 1\end{bmatrix}k_2+\begin{bmatrix}0\\ -\frac{1}{2}\\ \frac{1}{2}\\ 0\end{bmatrix}\quad(k_1,k_2\text{ 为任意实数}),$$

其中

$$\boldsymbol{\xi}_1=\begin{bmatrix}1\\ 1\\ 0\\ 0\end{bmatrix},\quad \boldsymbol{\xi}_2=\begin{bmatrix}0\\ -1\\ 2\\ 1\end{bmatrix}$$

为 $Ax=0$ 的基础解系,而

$$\boldsymbol{\eta}^* = \begin{bmatrix} 0 & -\frac{1}{2} & \frac{1}{2} & 0 \end{bmatrix}^{\mathrm{T}}$$

为 $\boldsymbol{Ax}=\boldsymbol{b}$ 的一个特解.

若选择 x_2,x_4 为自由未知量,则

$$\begin{cases} x_1 = 1x_2 + 1x_4 + \frac{1}{2}, \\ x_2 = 1x_2 + 0x_4, \\ x_3 = 0x_2 + 2x_4 + \frac{1}{2}, \\ x_4 = 0x_2 + 1x_4, \end{cases}$$

通解为

$$\begin{bmatrix} x_1 \\ x_2 \\ x_3 \\ x_4 \end{bmatrix} = \begin{bmatrix} 1 \\ 1 \\ 0 \\ 0 \end{bmatrix} k_1 + \begin{bmatrix} 1 \\ 0 \\ 2 \\ 1 \end{bmatrix} k_2 + \begin{bmatrix} \frac{1}{2} \\ 0 \\ \frac{1}{2} \\ 0 \end{bmatrix} \quad (k_1, k_2 \text{ 为任意实数}),$$

$\boldsymbol{Ax}=\boldsymbol{0}$ 的基础解系为

$$\boldsymbol{\xi}_1 = \begin{bmatrix} 1 \\ 1 \\ 0 \\ 0 \end{bmatrix}, \quad \boldsymbol{\xi}_2 = \begin{bmatrix} 1 \\ 0 \\ 2 \\ 1 \end{bmatrix},$$

$\boldsymbol{Ax}=\boldsymbol{b}$ 的一个特解为

$$\boldsymbol{\eta}^* = \begin{bmatrix} \frac{1}{2} & 0 & \frac{1}{2} & 0 \end{bmatrix}^{\mathrm{T}}.$$

习题四

(A 组)

1. 设

$$\boldsymbol{\alpha}_1 = \begin{bmatrix} 1 \\ 2 \\ 0 \end{bmatrix}, \quad \boldsymbol{\alpha}_2 = \begin{bmatrix} 0 \\ 2 \\ 2 \end{bmatrix}, \quad \boldsymbol{\alpha}_3 = \begin{bmatrix} 3 \\ 4 \\ 0 \end{bmatrix},$$

求 $\boldsymbol{\alpha}_1 - \boldsymbol{\alpha}_2$ 及 $3\boldsymbol{\alpha}_1 + 2\boldsymbol{\alpha}_2 - \boldsymbol{\alpha}_3$.

2. 设

$$\boldsymbol{a}_1=\begin{bmatrix}2\\5\\1\\3\end{bmatrix},\quad \boldsymbol{a}_2=\begin{bmatrix}10\\1\\5\\10\end{bmatrix},\quad \boldsymbol{a}_3=\begin{bmatrix}4\\1\\-1\\1\end{bmatrix},$$

且 $3(\boldsymbol{a}_1-\boldsymbol{a}_4)+2(\boldsymbol{a}_2+\boldsymbol{a}_4)=5(\boldsymbol{a}_3+\boldsymbol{a}_4)$,求 $\boldsymbol{a}_4$.

3. 判断下列向量组是否线性相关:

(1) $\begin{bmatrix}1\\2\\3\end{bmatrix},\begin{bmatrix}2\\1\\0\end{bmatrix},\begin{bmatrix}4\\5\\6\end{bmatrix}$;

(2) $\begin{bmatrix}1\\4\\0\end{bmatrix},\begin{bmatrix}2\\7\\0\end{bmatrix},\begin{bmatrix}0\\0\\1\end{bmatrix}$.

4. 当 a 取何值时向量组

$$\boldsymbol{a}_1=\begin{bmatrix}a\\1\\1\end{bmatrix},\quad \boldsymbol{a}_2=\begin{bmatrix}1\\a\\-1\end{bmatrix},\quad \boldsymbol{a}_3=\begin{bmatrix}1\\-1\\a\end{bmatrix}$$

线性相关?

5. 已知向量组

$$\boldsymbol{\alpha}_1^{\mathrm{T}}=[1\quad 1\quad 2\quad 1],\quad \boldsymbol{\alpha}_2^{\mathrm{T}}=[1\quad 0\quad 0\quad 2],\quad \boldsymbol{\alpha}_3^{\mathrm{T}}=[-1\quad -4\quad -8\quad k]$$

线性相关,求 k 的值.

6. 求下列向量组的秩,并求出一个极大无关组.

(1) $\boldsymbol{\alpha}_1=\begin{bmatrix}1\\4\\1\\0\end{bmatrix},\boldsymbol{\alpha}_2=\begin{bmatrix}2\\1\\-1\\-3\end{bmatrix},\boldsymbol{\alpha}_3=\begin{bmatrix}1\\0\\-3\\-1\end{bmatrix},\boldsymbol{\alpha}_4=\begin{bmatrix}0\\2\\-6\\-3\end{bmatrix}$;

(2) $\boldsymbol{\alpha}_1=\begin{bmatrix}23\\69\\69\\23\end{bmatrix},\boldsymbol{\alpha}_2=\begin{bmatrix}29\\88\\88\\30\end{bmatrix},\boldsymbol{\alpha}_3=\begin{bmatrix}17\\53\\54\\20\end{bmatrix},\boldsymbol{\alpha}_4=\begin{bmatrix}43\\132\\134\\48\end{bmatrix}$.

7. 利用初等行变换求下列矩阵的列向量组的一个极大无关组.

(1) $\begin{bmatrix}1&2&0&2&5\\-2&-5&1&-1&-8\\0&-3&3&4&1\\3&6&0&-7&2\end{bmatrix}$; (2) $\begin{bmatrix}1&1&2&2&1\\0&2&1&5&-1\\2&0&3&-1&3\\1&1&0&4&-1\end{bmatrix}$.

8. 设向量组

$$\begin{bmatrix} a \\ 3 \\ 1 \end{bmatrix},\quad \begin{bmatrix} 2 \\ b \\ 3 \end{bmatrix},\quad \begin{bmatrix} 1 \\ 2 \\ 1 \end{bmatrix},\quad \begin{bmatrix} 2 \\ 3 \\ 1 \end{bmatrix}$$

的秩为 2,求 a,b 的值.

9. 求下列齐次线性方程组的基础解系和通解：

(1) $\begin{cases} x_1 + 2x_2 + x_3 - x_4 = 0, \\ 3x_1 + 6x_2 - x_3 - 3x_4 = 0, \\ 5x_1 + 10x_2 + x_3 - 5x_4 = 0; \end{cases}$　　(2) $\begin{cases} x_1 + x_2 - 3x_4 = 0, \\ x_1 - x_2 - 2x_3 - x_4 = 0, \\ 4x_1 - 2x_2 + 6x_3 + 3x_4 = 0; \end{cases}$

(3) $\begin{cases} x_1 + x_2 - x_3 = 0, \\ -2x_1 - 2x_2 + 2x_3 = 0. \end{cases}$

10. 设四元齐次线性方程组

(a) $\begin{cases} x_1 + x_2 = 0, \\ x_2 - x_4 = 0; \end{cases}$　(b) $\begin{cases} x_1 - x_2 + x_3 = 0, \\ x_2 - x_3 + x_4 = 0. \end{cases}$

(1) 求方程组(a) 与(b) 的基础解系；

(2) 求方程组(a) 与(b) 的公共解.

11. 求下列非齐次线性方程组的一个解及对应的齐次线性方程的基础解系：

(1) $\begin{cases} x_1 + x_2 - x_3 + 2x_4 = 3, \\ 2x_1 + x_2 - 3x_4 = 1, \\ 2x_1 + 2x_3 - 10x_4 = -4; \end{cases}$　　(2) $\begin{cases} x_1 + x_2 = 5, \\ 2x_1 + x_2 + x_3 + 2x_4 = 1, \\ 5x_1 + 3x_2 + 2x_3 + 2x_4 = 3. \end{cases}$

(B 组)

1. 填空题：

(1) 方程组 $\begin{bmatrix} -2 & 3 & 0 \\ 1 & 1 & 1 \end{bmatrix}\begin{bmatrix} x_1 \\ x_2 \\ x_3 \end{bmatrix} = \begin{bmatrix} 0 \\ 0 \end{bmatrix}$ 的基础解系中含有________个线性无关的解向量；

(2) 方程组 $\begin{cases} x_1 + x_2 = 0, \\ x_3 - x_4 = 0 \end{cases}$ 的基础解系为________；

(3) 向量组 $\begin{bmatrix} 1 \\ 2 \\ 3 \end{bmatrix}, \begin{bmatrix} 2 \\ 4 \\ 5 \end{bmatrix}, \begin{bmatrix} 0 \\ 0 \\ 6 \end{bmatrix}$ 的秩为________；

(4) 若向量组 $\begin{bmatrix}1\\t+1\\0\end{bmatrix},\begin{bmatrix}2\\4\\0\end{bmatrix},\begin{bmatrix}0\\0\\t^2+1\end{bmatrix}$ 线性相关,则 $t=$________.

2. 设 $\boldsymbol{b}_1=\boldsymbol{a}_1,\boldsymbol{b}_2=\boldsymbol{a}_1+\boldsymbol{a}_2,\cdots,\boldsymbol{b}_r=\boldsymbol{a}_1+\boldsymbol{a}_2+\cdots+\boldsymbol{a}_r$,且向量组 $\boldsymbol{a}_1,\boldsymbol{a}_2,\cdots,\boldsymbol{a}_r$ 线性无关,证明:向量组 $\boldsymbol{b}_1,\boldsymbol{b}_2,\cdots,\boldsymbol{b}_r$ 也线性无关.

第 2 题　**第 3 题**　**第 4 题**

3. 设四元非齐次线性方程组的系数矩阵的秩为 3,已知 $\boldsymbol{\eta}_1,\boldsymbol{\eta}_2,\boldsymbol{\eta}_3$ 是它的 3 个解向量,且

$$\boldsymbol{\eta}_1=\begin{bmatrix}2\\3\\4\\5\end{bmatrix},\quad \boldsymbol{\eta}_2+\boldsymbol{\eta}_3=\begin{bmatrix}1\\2\\3\\4\end{bmatrix},$$

求该方程组的通解.

4. 试求方程 $nx_1+(n-1)x_2+\cdots+2x_{n-1}+x_n=0(n\geqslant 2)$ 的基础解系与通解.

5. 设向量组

$$A:\boldsymbol{a}_1=\begin{bmatrix}\alpha\\2\\10\end{bmatrix},\boldsymbol{a}_2=\begin{bmatrix}-2\\1\\5\end{bmatrix},\boldsymbol{a}_3=\begin{bmatrix}-1\\1\\4\end{bmatrix},$$

又向量 $\boldsymbol{b}=[1\quad \beta\quad -1]^{\mathrm{T}}$,求 α,β 的值,使

(1) $\boldsymbol{b}$ 不能由 A 线性表示;

(2) $\boldsymbol{b}$ 能由 A 唯一线性表示;

(3) $\boldsymbol{b}$ 能由 A 线性表示,但表示式不唯一.

6. 已知三阶非零矩阵 $\boldsymbol{B}$ 的每一列向量都是下面方程组的解:

$$\begin{cases}x_1+2x_2-2x_3=0,\\2x_1-x_2+\lambda x_3=0,\\3x_1+x_2-x_3=0.\end{cases}$$

(1) 求 λ 的值;

(2) 证明:$|\boldsymbol{B}|=0$.

第五章　矩阵的特征值和特征向量

矩阵的特征值和特征向量是矩阵理论中的基本概念之一，有着十分广泛的作用.在实际问题的研究中，常常需要在保持矩阵的原有性质不变的基础上化简矩阵.本章主要研究矩阵的特征值与特征向量以及矩阵的相似对角化.

第一节　方阵的特征值与特征向量

一、特征值与特征向量的定义

定义 5.1　设方阵 $\boldsymbol{A}_{n\times n}$，如果存在实数 λ 和 n 维非零列向量 $\boldsymbol{x}$，使

$$\boldsymbol{A}\boldsymbol{x}=\lambda\boldsymbol{x}, \tag{1}$$

则称 λ 为 $\boldsymbol{A}$ 的**特征值**，非零列向量 $\boldsymbol{x}$ 为 $\boldsymbol{A}$ 的对应于特征值 λ 的一个**特征向量**.

例如，对于方阵

$$\boldsymbol{A}=\begin{bmatrix}-1&1&0\\-4&3&0\\1&0&2\end{bmatrix},$$

存在实数 $\lambda=1$ 和列向量 $\boldsymbol{x}=\begin{bmatrix}-1\\-2\\1\end{bmatrix}$，使得

$$\boldsymbol{A}\boldsymbol{x}=\begin{bmatrix}-1&1&0\\-4&3&0\\1&0&2\end{bmatrix}\begin{bmatrix}-1\\-2\\1\end{bmatrix}=\begin{bmatrix}-1\\-2\\1\end{bmatrix},$$

$$\lambda\boldsymbol{x}=1\begin{bmatrix}-1\\-2\\1\end{bmatrix}=\begin{bmatrix}-1\\-2\\1\end{bmatrix},$$

显然有

$$\boldsymbol{A}\boldsymbol{x}=\lambda\boldsymbol{x}.$$

此时，根据定义 5.1，我们把 $\lambda=1$ 称为方阵 $\boldsymbol{A}$ 的特征值，把非零列向量

$$\boldsymbol{x}=[-1\quad -2\quad 1]^{\mathrm{T}}$$

称为方阵 $\boldsymbol{A}$ 的对应于特征值 $\lambda=1$ 的特征向量，或属于特征值 $\lambda=1$ 的特征向量.

注 (1) 特征向量 $\boldsymbol{x}$ 一定是**非零**列向量，这是因为对于任意 n 阶方阵 $\boldsymbol{A}$ 和任意实数 λ，总有 $\boldsymbol{A0}=\lambda\boldsymbol{0}$，这样也就不存在什么"特征"了；

(2) 定义中强调"**一个**"，意思是特征向量不止一个(请在特征向量的求法中仔细体会其含义).

二、特征值与特征向量的求法

设方阵

$$\boldsymbol{A}=\begin{bmatrix} a_{11} & a_{12} & \cdots & a_{1n} \\ a_{21} & a_{22} & \cdots & a_{2n} \\ \vdots & \vdots & & \vdots \\ a_{n1} & a_{n2} & \cdots & a_{nn} \end{bmatrix},$$

将式(1) 变形可得

$$(\lambda\boldsymbol{E}-\boldsymbol{A})\boldsymbol{x}=\boldsymbol{0},$$

即

$$\begin{cases} (\lambda-a_{11})x_1- a_{12}x_2-\cdots- a_{1n}x_n=0, \\ -a_{21}x_1+(\lambda-a_{22})x_2-\cdots- a_{2n}x_n=0, \\ \quad\vdots \\ -a_{n1}x_1- a_{n2}x_2-\cdots+(\lambda-a_{nn})x_n=0. \end{cases}$$

结合特征值与特征向量的定义分析这个齐次线性方程组不难发现，定义中的非零列向量 $\boldsymbol{x}$ 其实就是这个齐次线性方程组的非零解向量，而特征值 λ 位于这个齐次线性方程组的系数矩阵 $\lambda\boldsymbol{E}-\boldsymbol{A}$ 中.一个齐次线性方程组不一定有非零解，因此得到结论：使得这个方程组有非零解的实数 λ 就是所求的特征值，对应的非零解就是特征向量.于是，由齐次线性方程组有非零解的充分必要条件，称关于 λ 的方程

$$|\lambda\boldsymbol{E}-\boldsymbol{A}|=0,$$

即

$$\begin{vmatrix} \lambda-a_{11} & -a_{12} & \cdots & -a_{1n} \\ -a_{21} & \lambda-a_{22} & \cdots & -a_{2n} \\ \vdots & \vdots & & \vdots \\ -a_{n1} & -a_{n2} & \cdots & \lambda-a_{nn} \end{vmatrix}=0 \tag{2}$$

为方阵 $\boldsymbol{A}$ 的特征方程，其中左端的系数行列式 $|\lambda\boldsymbol{E}-\boldsymbol{A}|$ 是 λ 的 n 次多项式，称为方阵 $\boldsymbol{A}$ 的特征多项式，它的解称为方阵 $\boldsymbol{A}$ 的特征值.一元 n 次方程在复数范围内必有 n 个根(重根按重数计算).

计算 n 阶方阵 $\boldsymbol{A}$ 的特征值与特征向量的步骤如下：

(1) 写出特征多项式 $|\lambda\boldsymbol{E}-\boldsymbol{A}|$，求出全部特征值 $\lambda_1,\lambda_2,\cdots,\lambda_n$；

(2) 对每个 $\lambda_i(i=1,2,\cdots,n)$，求出齐次线性方程组 $(\lambda_i\boldsymbol{E}-\boldsymbol{A})\boldsymbol{x}=\boldsymbol{0}$ 的基础解系，即为对应于特征值 λ_i 的特征向量.

例 1　求矩阵

$$\boldsymbol{A}=\begin{bmatrix}4 & 3\\1 & 2\end{bmatrix}$$

的特征值与特征向量.

解　特征多项式为

$$|\lambda\boldsymbol{E}-\boldsymbol{A}|=\begin{vmatrix}\lambda-4 & -3\\-1 & \lambda-2\end{vmatrix}=(\lambda-1)(\lambda-5),$$

所以 $\boldsymbol{A}$ 的特征值为 $\lambda_1=1,\lambda_2=5$.

当 $\lambda_1=1$ 时，对应的齐次线性方程组 $(1\boldsymbol{E}-\boldsymbol{A})\boldsymbol{x}=\boldsymbol{0}$ 为

$$\begin{cases}-3x_1-3x_2=0,\\-x_1-x_2=0,\end{cases}$$

解得其基础解系为

$$\boldsymbol{\xi}_1=\begin{bmatrix}-1\\1\end{bmatrix},$$

即为其对应的特征向量.

当 $\lambda_2=5$ 时，对应的齐次线性方程组 $(5\boldsymbol{E}-\boldsymbol{A})\boldsymbol{x}=\boldsymbol{0}$ 为

$$\begin{cases}x_1-3x_2=0,\\-x_1+3x_2=0,\end{cases}$$

解得其基础解系为

$$\boldsymbol{\xi}_2=\begin{bmatrix}3\\1\end{bmatrix},$$

即为其对应的特征向量.

显然，若 $\boldsymbol{\xi}_i$ 是方阵 $\boldsymbol{A}$ 的对应于特征值 λ_i 的特征向量，则 $k\boldsymbol{\xi}_i(k\neq0)$ 也是对应于特征值 λ_i 的特征向量，所以对应于某一特征值的特征向量不唯一.

例 2 求矩阵

$$A=\begin{bmatrix}-1&1&0\\-4&3&0\\1&0&2\end{bmatrix}$$

的特征值与特征向量.

解 特征多项式为

$$|\lambda E-A|=\begin{vmatrix}\lambda+1&-1&0\\4&\lambda-3&0\\-1&0&\lambda-2\end{vmatrix}=(\lambda-1)^2(\lambda-2),$$

所以 A 的特征值为 $\lambda_1=2,\lambda_2=\lambda_3=1$(1 是二重根).

当 $\lambda_1=2$ 时,对应的齐次线性方程组 $(2E-A)x=0$ 为

$$\begin{cases}3x_1-x_2=0,\\4x_1-x_2=0,\\-x_1\quad\quad=0,\end{cases}$$

对系数矩阵作初等行变换,可得

$$\begin{bmatrix}3&-1&0\\4&-1&0\\-1&0&0\end{bmatrix}\to\begin{bmatrix}-1&0&0\\4&-1&0\\3&-1&0\end{bmatrix}\to\begin{bmatrix}-1&0&0\\0&-1&0\\0&-1&0\end{bmatrix}\to\begin{bmatrix}-1&0&0\\0&-1&0\\0&0&0\end{bmatrix},$$

取 x_3 为自由未知量,得通解为

$$\begin{bmatrix}x_1\\x_2\\x_3\end{bmatrix}=\begin{bmatrix}0\\0\\x_3\end{bmatrix}=\begin{bmatrix}0\\0\\1\end{bmatrix}x_3,$$

它的基础解系为

$$\boldsymbol{\xi}_1=\begin{bmatrix}0\\0\\1\end{bmatrix},$$

即为所求的特征向量.

当 $\lambda_2=\lambda_3=1$ 时,对应的齐次线性方程组 $(1E-A)x=0$ 为

$$\begin{cases}2x_1-x_2\quad\quad=0,\\4x_1-2x_2\quad\quad=0,\\-x_1\quad\quad-x_3=0,\end{cases}$$

对系数矩阵作初等行变换,可得

$$\begin{bmatrix} 2 & -1 & 0 \\ 4 & -2 & 0 \\ -1 & 0 & -1 \end{bmatrix} \to \cdots \to \begin{bmatrix} 1 & 0 & 1 \\ 0 & 1 & 2 \\ 0 & 0 & 0 \end{bmatrix},$$

它的基础解系为

$$\boldsymbol{\xi}_2 = \begin{bmatrix} -1 \\ -2 \\ 1 \end{bmatrix},$$

即为所求的特征向量.

例 3　求矩阵

$$\boldsymbol{A} = \begin{bmatrix} -2 & 1 & 1 \\ 0 & 2 & 0 \\ -4 & 1 & 3 \end{bmatrix}$$

的特征值与特征向量.

解　特征多项式为

$$|\lambda \boldsymbol{E} - \boldsymbol{A}| = \begin{vmatrix} \lambda + 2 & -1 & -1 \\ 0 & \lambda - 2 & 0 \\ 4 & -1 & \lambda - 3 \end{vmatrix} = (\lambda + 1)(\lambda - 2)^2,$$

所以 $\boldsymbol{A}$ 的特征值为 $\lambda_1 = -1, \lambda_2 = \lambda_3 = 2$(2 是二重根).

当 $\lambda_1 = -1$ 时,对应的齐次线性方程组 $(-\boldsymbol{E} - \boldsymbol{A})\boldsymbol{x} = \boldsymbol{0}$ 为

$$\begin{cases} x_1 - x_2 - x_3 = 0, \\ -3x_2 = 0, \\ 4x_1 - x_2 - 4x_3 = 0, \end{cases}$$

它的基础解系为

$$\boldsymbol{\xi}_1 = \begin{bmatrix} 1 \\ 0 \\ 1 \end{bmatrix},$$

即为所求的特征向量.

当 $\lambda_2 = \lambda_3 = 2$ 时,对应的齐次线性方程组 $(2\boldsymbol{E} - \boldsymbol{A})\boldsymbol{x} = \boldsymbol{0}$ 为

$$\begin{cases} 4x_1 - x_2 - x_3 = 0, \\ 0x_1 + 0x_2 + 0x_3 = 0, \\ 4x_1 - x_2 - x_3 = 0, \end{cases}$$

它的基础解系为

$$\boldsymbol{\xi}_2=\begin{bmatrix}1\\0\\4\end{bmatrix},\quad \boldsymbol{\xi}_3=\begin{bmatrix}0\\1\\-1\end{bmatrix},$$

即为所求的特征向量.

三、特征值与特征向量的性质

在用行列式的定义计算特征值和特征向量时,特征多项式 $|\lambda\boldsymbol{E}-\boldsymbol{A}|$ 的展开式中第一项是主对角线上 n 个一次因式的乘积,即

$$(\lambda-a_{11})(\lambda-a_{22})\cdots(\lambda-a_{nn}),$$

而其余的项里最多含有这 n 个一次因式中的 $n-2$ 个,所以特征多项式 $|\lambda\boldsymbol{E}-\boldsymbol{A}|$ 中,λ 的 n 次项系数为 1,$n-1$ 次项系数是 $-(a_{11}+a_{22}+\cdots+a_{nn})$,可得

$$|\lambda\boldsymbol{E}-\boldsymbol{A}|=\lambda^n-(a_{11}+a_{22}+\cdots+a_{nn})\lambda^{n-1}+\cdots+a_0,$$

若令 $\lambda=0$,则变为

$$a_0=|0\boldsymbol{E}-\boldsymbol{A}|=(-1)^n|\boldsymbol{A}|,$$

即

$$|\lambda\boldsymbol{E}-\boldsymbol{A}|=\lambda^n-(a_{11}+a_{22}+\cdots+a_{nn})\lambda^{n-1}+\cdots+(-1)^n|\boldsymbol{A}|.$$

另一方面,$\lambda_1,\lambda_2,\cdots,\lambda_n$ 是方阵 $\boldsymbol{A}$ 的全部特征值,特征多项式 $|\lambda\boldsymbol{E}-\boldsymbol{A}|$ 可以写成

$$|\lambda\boldsymbol{E}-\boldsymbol{A}|=(\lambda-\lambda_1)(\lambda-\lambda_2)\cdots(\lambda-\lambda_n),$$

于是有

$$\begin{aligned}&(\lambda-\lambda_1)(\lambda-\lambda_2)\cdots(\lambda-\lambda_n)\\=&\lambda^n-(a_{11}+a_{22}+\cdots+a_{nn})\lambda^{n-1}+\cdots+(-1)^n|\boldsymbol{A}|.\end{aligned}$$

再令 $\lambda=0$,则

$$|\boldsymbol{A}|=\lambda_1\lambda_2\cdots\lambda_n.$$

于是有下面的定理.

定理 5.1 设 $\lambda_1,\lambda_2,\cdots,\lambda_n$ 为 $\boldsymbol{A}$ 的全部特征值,则必有

$$\sum_{i=1}^{n}\lambda_i=\sum_{i=1}^{n}a_{ii},$$

$$\lambda_1\lambda_2\cdots\lambda_n=|\boldsymbol{A}|,$$

即方阵 $\boldsymbol{A}$ 的所有特征值的和等于方阵 $\boldsymbol{A}$ 主对角线上所有元素的和，所有特征值的乘积等于方阵 $\boldsymbol{A}$ 的行列式.

读者可通过前面的例 1、例 2 和例 3 自行验证该定理的正确性（要注意定理中"所有"的含义）.

定理 5.2　设 $\lambda_1,\lambda_2,\cdots,\lambda_s$ 是矩阵 $\boldsymbol{A}$ 的互异特征值，$\boldsymbol{\xi}_1,\boldsymbol{\xi}_2,\cdots,\boldsymbol{\xi}_s$ 分别是属于它们的特征向量，则 $\boldsymbol{\xi}_1,\boldsymbol{\xi}_2,\cdots,\boldsymbol{\xi}_s$ 线性无关，即属于不同特征值的特征向量线性无关.

同样用前面三道例题来验证定理 5.2.在例 1 中，$\lambda_1=1,\lambda_2=5,\lambda_1\neq\lambda_2$，而

$$\boldsymbol{\xi}_1=\begin{bmatrix}-1\\1\end{bmatrix},\quad \boldsymbol{\xi}_2=\begin{bmatrix}3\\1\end{bmatrix},$$

显然 $\boldsymbol{\xi}_1,\boldsymbol{\xi}_2$ 线性无关，定理 5.2 结论成立；在例 2 中，$\lambda_1=2,\lambda_2=\lambda_3=1$（2 是二重根），而

$$\boldsymbol{\xi}_1=\begin{bmatrix}0\\0\\1\end{bmatrix},\quad \boldsymbol{\xi}_2=\begin{bmatrix}-1\\-2\\1\end{bmatrix},\quad \boldsymbol{\xi}_3=\begin{bmatrix}-1\\-2\\1\end{bmatrix},$$

显然 $\boldsymbol{\xi}_1,\boldsymbol{\xi}_2$ 线性无关，但属于重特征值 $\lambda_2=\lambda_3=1$ 的特征向量 $\boldsymbol{\xi}_2$ 和 $\boldsymbol{\xi}_3$ 线性相关；同样的，在例 3 中定理 5.2 结论也成立.

* **定理 5.3**　设 n 阶方阵 $\boldsymbol{A}$ 的所有特征值为 $\lambda_1,\lambda_2,\cdots,\lambda_n$.

(1) 方阵 $\boldsymbol{A}^k$ 的所有特征值为 $\lambda_1^k,\lambda_2^k,\cdots,\lambda_n^k$；

(2) 方阵 $k\boldsymbol{A}$ 的所有特征值为 $k\lambda_1,k\lambda_2,\cdots,k\lambda_n$；

(3) 若 $\boldsymbol{A}$ 可逆，则方阵 $\boldsymbol{A}^{-1}$ 的所有特征值为 $\dfrac{1}{\lambda_1},\dfrac{1}{\lambda_2},\cdots,\dfrac{1}{\lambda_n}$；

(4) 方阵 $\boldsymbol{A}^*$ 的所有特征值为 $\dfrac{|\boldsymbol{A}|}{\lambda_1},\dfrac{|\boldsymbol{A}|}{\lambda_2},\cdots,\dfrac{|\boldsymbol{A}|}{\lambda_n}$；

(5) 设 $f(x)$ 是任意多项式，则 $f(\boldsymbol{A})$ 的特征值为 $f(\lambda_1),f(\lambda_2),\cdots,f(\lambda_n)$.

例 4　已知

$$\boldsymbol{A}=\begin{bmatrix}5&\alpha&2\\6&\beta&4\\4&-4&5\end{bmatrix}$$

的两个特征值为 $\lambda_1=1,\lambda_2=2$，求常数 α,β 以及 $\boldsymbol{A}$ 的另一个特征值.

解　因为

$$|1\boldsymbol{E}-\boldsymbol{A}|=\begin{vmatrix}-4&-\alpha&-2\\-6&1-\beta&-4\\-4&4&-4\end{vmatrix}=4\begin{vmatrix}1&-1&1\\-6&1-\beta&-4\\-4&-\alpha&-2\end{vmatrix}$$

$$=4\begin{vmatrix}1 & -1 & 1\\ 0 & -5-\beta & 2\\ 0 & -4-\alpha & 2\end{vmatrix}=8(\alpha-\beta-1)=0,$$

$$|2\boldsymbol{E}-\boldsymbol{A}|=\begin{vmatrix}-3 & -\alpha & -2\\ -6 & 2-\beta & -4\\ -4 & 4 & -3\end{vmatrix}=\begin{vmatrix}-3 & -\alpha & -2\\ 0 & 2\alpha+2-\beta & 0\\ -4 & 4 & 3\end{vmatrix}$$

$$=-17(2\alpha+2-\beta)=0,$$

解之得 $\alpha=-3,\beta=-4$.再根据

$$\sum_{i=1}^{3}\lambda_i=\sum_{i=1}^{3}a_{ii}=5-4+5=6,$$

可得

$$\lambda_3=6-\lambda_1-\lambda_2=6-1-2=3.$$

例 5 设方阵 $\boldsymbol{A}$ 的特征值为 $\lambda_1,\lambda_2(\lambda_1\neq\lambda_2)$,且对应的特征向量为 $\boldsymbol{\eta}_1,\boldsymbol{\eta}_2$,证明:$\boldsymbol{\eta}_1+\boldsymbol{\eta}_2$ 不是 $\boldsymbol{A}$ 的特征向量.

证明 用反证法.假设 $\boldsymbol{\eta}_1+\boldsymbol{\eta}_2$ 是 $\boldsymbol{A}$ 的特征向量,则有非零实数 λ,使

$$\boldsymbol{A}(\boldsymbol{\eta}_1+\boldsymbol{\eta}_2)=\boldsymbol{A}\boldsymbol{\eta}_1+\boldsymbol{A}\boldsymbol{\eta}_2=\lambda(\boldsymbol{\eta}_1+\boldsymbol{\eta}_2),$$

而

$$\boldsymbol{A}\boldsymbol{\eta}_1=\lambda_1\boldsymbol{\eta}_1,\quad \boldsymbol{A}\boldsymbol{\eta}_2=\lambda_2\boldsymbol{\eta}_2,$$

则有

$$(\lambda-\lambda_1)\boldsymbol{\eta}_1+(\lambda-\lambda_2)\boldsymbol{\eta}_2=\boldsymbol{0}.$$

又因为 $\lambda_1\neq\lambda_2$,所以 $\boldsymbol{\eta}_1,\boldsymbol{\eta}_2$ 线性无关,故 $\lambda-\lambda_1=\lambda-\lambda_2=0$,即 $\lambda_1=\lambda_2$,与题设矛盾,所以 $\boldsymbol{\eta}_1+\boldsymbol{\eta}_2$ 不是 $\boldsymbol{A}$ 的特征向量.

第二节　相似矩阵

定义 5.2 设 $\boldsymbol{A},\boldsymbol{B}$ 都是 n 阶方阵,如果有 n 阶可逆矩阵 $\boldsymbol{P}$,使

$$\boldsymbol{P}^{-1}\boldsymbol{A}\boldsymbol{P}=\boldsymbol{B},$$

则称 $\boldsymbol{A}$ 与 $\boldsymbol{B}$ 相似.

定理 5.4 相似矩阵具有相同的特征多项式,从而也就有相同的特征值.

证明 因为

$$P^{-1}AP=B,$$

从而

$$\begin{aligned}|\lambda E-B|&=|\lambda E-P^{-1}AP|=|P^{-1}(\lambda E-A)P|\\&=|P^{-1}||\lambda E-A||P|\\&=|\lambda E-A||PP^{-1}|=|\lambda E-A|,\end{aligned}$$

得证.

下面来讨论在什么条件下矩阵能与对角矩阵相似.假设

$$P^{-1}AP=\begin{bmatrix}\lambda_1&&&\\&\lambda_2&&\\&&\ddots&\\&&&\lambda_n\end{bmatrix},$$

则

$$AP=P\begin{bmatrix}\lambda_1&&&\\&\lambda_2&&\\&&\ddots&\\&&&\lambda_n\end{bmatrix}.$$

令 $P=[\xi_1\quad\xi_2\quad\cdots\quad\xi_n]$,则上式为

$$[A\xi_1\quad A\xi_2\quad\cdots\quad A\xi_n]=[\lambda_1\xi_1\quad\lambda_2\xi_2\quad\cdots\quad\lambda_n\xi_n],$$

即

$$A\xi_i=\lambda_i\xi_i\quad(i=1,2,\cdots,n).$$

由此可见,λ_i 是矩阵A 的特征值,ξ_i 为其特征值λ_i 的特征向量.因为矩阵P 可逆,故 $\xi_1,\xi_2,\cdots,\xi_n$ 线性无关,因此 A 有 n 个线性无关的特征向量.

反之,如果 A 有 n 个线性无关的特征向量 $\xi_1,\xi_2,\cdots,\xi_n$,且

$$A\xi_i=\lambda_i\xi_i\quad(i=1,2,\cdots,n),$$

令 $P=[\xi_1\quad\xi_2\quad\cdots\quad\xi_n]$,于是 P 可逆,且有

$$\begin{aligned}AP&=[A\xi_1\quad A\xi_2\quad\cdots\quad A\xi_n]=[\lambda_1\xi_1\quad\lambda_2\xi_2\quad\cdots\quad\lambda_n\xi_n]\\&=[\xi_1\quad\xi_2\quad\cdots\quad\xi_n]\begin{bmatrix}\lambda_1&&&\\&\lambda_2&&\\&&\ddots&\\&&&\lambda_n\end{bmatrix}=P\begin{bmatrix}\lambda_1&&&\\&\lambda_2&&\\&&\ddots&\\&&&\lambda_n\end{bmatrix},\end{aligned}$$

所以

$$P^{-1}AP=\begin{bmatrix}\lambda_1 & & & \\ & \lambda_2 & & \\ & & \ddots & \\ & & & \lambda_n\end{bmatrix},$$

即 $\boldsymbol{A}$ 与对角矩阵相似.

由上讨论,我们可以得到下面的定理.

定理 5.5 n 阶矩阵 $\boldsymbol{A}$ 与对角矩阵相似的充分必要条件是 $\boldsymbol{A}$ 有 n 个线性无关的特征向量.

由定理 5.2 和定理 5.5 可以得到如下结论:

推论 5.1 如果矩阵 $\boldsymbol{A}$ 有 n 个互异的特征值,则 $\boldsymbol{A}$ 与对角矩阵相似.

在上一节的例 1 中,由于 $\boldsymbol{A}$ 有两个互异特征值,故 $\boldsymbol{A}$ 与对角矩阵相似;在例 2 中,对于重特征值 $\lambda_2=\lambda_3=1$,它们仅有一个特征向量是线性无关的,所以 $\boldsymbol{A}$ 不能与对角矩阵相似;在例 3 中,$\boldsymbol{A}$ 也有重特征值,但 $\boldsymbol{A}$ 有 3 个线性无关的特征向量,所以它可与对角矩阵相似.

例 1 已知矩阵

$$\boldsymbol{A}=\begin{bmatrix}-5 & -3 & 0\\ 6 & 4 & 0\\ 6 & 3 & 1\end{bmatrix},$$

求 $\boldsymbol{A}^{100}$.

解 特征多项式为

$$|\lambda\boldsymbol{E}-\boldsymbol{A}|=\begin{vmatrix}\lambda+5 & 3 & 0\\ -6 & \lambda-4 & 0\\ -6 & -3 & \lambda-1\end{vmatrix}=(\lambda-1)[(\lambda-4)(\lambda+5)+18]$$
$$=(\lambda-1)^2(\lambda+2),$$

所以 $\boldsymbol{A}$ 的特征值是 $\lambda_1=\lambda_2=1,\lambda_3=-2$.

对于特征值 $\lambda_1=\lambda_2=1$,解齐次线性方程组 $(\boldsymbol{E}-\boldsymbol{A})\boldsymbol{x}=\boldsymbol{0}$,得一个基础解系

$$\boldsymbol{\xi}_1=\begin{bmatrix}-1\\ 2\\ 0\end{bmatrix},\quad \boldsymbol{\xi}_2=\begin{bmatrix}0\\ 0\\ 1\end{bmatrix}$$

为对应的特征向量.

对于特征值 $\lambda_3=-2$,解齐次线性方程组 $(-2\boldsymbol{E}-\boldsymbol{A})\boldsymbol{x}=\boldsymbol{0}$,得一个基础解系

$$\boldsymbol{\xi}_3=\begin{bmatrix}-1\\1\\1\end{bmatrix}$$

为对应的特征向量.

令

$$\boldsymbol{P}=[\boldsymbol{\xi}_1\quad\boldsymbol{\xi}_2\quad\boldsymbol{\xi}_3]=\begin{bmatrix}-1&0&-1\\2&0&1\\0&1&1\end{bmatrix},$$

则

$$\boldsymbol{P}^{-1}=\begin{bmatrix}1&1&0\\2&1&1\\-2&-1&0\end{bmatrix}\quad 且\quad \boldsymbol{P}^{-1}\boldsymbol{A}\boldsymbol{P}=\begin{bmatrix}1&&\\&1&\\&&-2\end{bmatrix},$$

即

$$\boldsymbol{A}=\boldsymbol{P}\begin{bmatrix}1&&\\&1&\\&&-2\end{bmatrix}\boldsymbol{P}^{-1},$$

于是

$$\begin{aligned}\boldsymbol{A}^{100}&=\boldsymbol{P}\begin{bmatrix}1&&\\&1&\\&&-2\end{bmatrix}\boldsymbol{P}^{-1}\boldsymbol{P}\begin{bmatrix}1&&\\&1&\\&&-2\end{bmatrix}\boldsymbol{P}^{-1}\cdots\boldsymbol{P}\begin{bmatrix}1&&\\&1&\\&&-2\end{bmatrix}\boldsymbol{P}^{-1}\\&=\boldsymbol{P}\begin{bmatrix}1&&\\&1&\\&&-2\end{bmatrix}^{100}\boldsymbol{P}^{-1}\\&=\begin{bmatrix}-1&0&-1\\2&0&1\\0&1&1\end{bmatrix}\begin{bmatrix}1&&\\&1&\\&&2^{100}\end{bmatrix}\begin{bmatrix}1&1&0\\2&1&1\\-2&-1&0\end{bmatrix}\\&=\begin{bmatrix}2^{101}-1&2^{100}-1&0\\-2^{101}+2&-2^{100}+2&0\\-2^{101}+2&-2^{100}+1&1\end{bmatrix}.\end{aligned}$$

例 2 已知三阶矩阵 $\boldsymbol{A}$ 的特征值分别是 $\lambda_1=1,\lambda_2=2,\lambda_3=3$,对应的特征向量依次为

$$\boldsymbol{\xi}_1=\begin{bmatrix}1\\1\\1\end{bmatrix},\quad \boldsymbol{\xi}_2=\begin{bmatrix}1\\2\\4\end{bmatrix},\quad \boldsymbol{\xi}_3=\begin{bmatrix}1\\3\\9\end{bmatrix},$$

求矩阵 $\boldsymbol{A}$.

解　由于矩阵 $\boldsymbol{A}$ 有 3 个互异特征值,可知对应的特征向量线性无关,所以矩阵 $\boldsymbol{A}$ 必可以对角化.令

$$\boldsymbol{P}=[\boldsymbol{\xi}_1\quad \boldsymbol{\xi}_2\quad \boldsymbol{\xi}_3]=\begin{bmatrix}1&1&1\\1&2&3\\1&4&9\end{bmatrix},$$

则有

$$\boldsymbol{P}^{-1}\boldsymbol{A}\boldsymbol{P}=\begin{bmatrix}1&&\\&2&\\&&3\end{bmatrix},$$

于是

$$\boldsymbol{A}=\begin{bmatrix}1&1&1\\1&2&3\\1&4&9\end{bmatrix}\begin{bmatrix}1&&\\&2&\\&&3\end{bmatrix}\begin{bmatrix}1&1&1\\1&2&3\\1&4&9\end{bmatrix}^{-1}=\begin{bmatrix}0&1&0\\0&0&1\\6&-11&6\end{bmatrix}$$

从以上各例可以看出,若特征值彼此互异,则 $\boldsymbol{A}$ 一定可以对角化;对于有重根的方阵,有的可以对角化,有的则不能对角化.n 阶方阵 $\boldsymbol{A}$ 可对角化的充分必要条件是 $\boldsymbol{A}$ 有 n 个线性无关的特征向量.

第三节　正交化方法

定义 5.3　设 n 维向量

$$\boldsymbol{x}=\begin{bmatrix}x_1\\x_2\\\vdots\\x_n\end{bmatrix},\quad \boldsymbol{y}=\begin{bmatrix}y_1\\y_2\\\vdots\\y_n\end{bmatrix},$$

令

$$[\boldsymbol{x},\boldsymbol{y}]=x_1y_1+x_2y_2+\cdots+x_ny_n,$$

称 $[\boldsymbol{x},\boldsymbol{y}]$ 为向量 $\boldsymbol{x}$ 与 $\boldsymbol{y}$ 的内积,也可以简记为 $(\boldsymbol{x},\boldsymbol{y})$,即

$$[\boldsymbol{x},\boldsymbol{y}]=\boldsymbol{x}^{\mathrm{T}}\boldsymbol{y}\text{ 或 }\boldsymbol{y}^{\mathrm{T}}\boldsymbol{x}.$$

实际上,内积就是空间解析几何中向量数量积

$$(x_1,x_2,x_3)\cdot(y_1,y_2,y_3)=x_1y_1+x_2y_2+x_3y_3$$

的推广.

在空间解析几何中,当向量 $\boldsymbol{x}$ 与 $\boldsymbol{y}$ 的数量积为 0 时,则称 $\boldsymbol{x}$ 与 $\boldsymbol{y}$ 垂直.推广到这里,当 $[\boldsymbol{x},\boldsymbol{y}]=0$ 时,称 $\boldsymbol{x}$ 与 $\boldsymbol{y}$ 正交.

例如,向量

$$\boldsymbol{x}=\begin{bmatrix}0\\1\\1\\1\end{bmatrix},\quad \boldsymbol{y}=\begin{bmatrix}1\\-1\\0\\1\end{bmatrix}$$

满足 $[\boldsymbol{x},\boldsymbol{y}]=0$,所以这两个向量正交.显然零向量与任意向量都正交.

定义 5.4　一组两两正交的非零向量组称为正交向量组,如果正交向量组的每个向量均是单位向量,则称之为规范正交向量组,简称规范正交组或单位正交组.

例如,向量组

$$\boldsymbol{a}_1=\begin{bmatrix}1\\0\\0\end{bmatrix},\quad \boldsymbol{a}_2=\begin{bmatrix}0\\1\\1\end{bmatrix},\quad \boldsymbol{a}_3=\begin{bmatrix}0\\1\\-1\end{bmatrix}$$

中的三个向量都是非零向量,且两两正交,所以是一个正交向量组.

向量组

$$\boldsymbol{b}_1=\begin{bmatrix}1\\0\\0\end{bmatrix},\quad \boldsymbol{b}_2=\begin{bmatrix}0\\\frac{1}{\sqrt{2}}\\\frac{1}{\sqrt{2}}\end{bmatrix},\quad \boldsymbol{b}_3=\begin{bmatrix}0\\\frac{1}{\sqrt{2}}\\-\frac{1}{\sqrt{2}}\end{bmatrix}$$

中的三个向量都是单位向量,且两两正交,所以是规范正交组.

定理 5.6　正交向量组必线性无关.

证明　若 $\boldsymbol{a}_1,\boldsymbol{a}_2,\cdots,\boldsymbol{a}_r$(列向量)为正交向量组.假设

$$k_1\boldsymbol{a}_1+k_2\boldsymbol{a}_2+\cdots+k_r\boldsymbol{a}_r=\boldsymbol{0},$$

左乘 $\boldsymbol{a}_i^{\mathrm{T}}(i=1,2,\cdots,r)$,有

$$\boldsymbol{a}_i^{\mathrm{T}}(k_1\boldsymbol{a}_1+\cdots+k_i\boldsymbol{a}_i+\cdots+k_r\boldsymbol{a}_r)=\boldsymbol{a}_i^{\mathrm{T}}\,\boldsymbol{0}=0,$$

即

$$k_1\boldsymbol{a}_i^{\mathrm{T}}\boldsymbol{a}_1+\cdots+k_i\boldsymbol{a}_i^{\mathrm{T}}\boldsymbol{a}_i+\cdots+k_r\boldsymbol{a}_i^{\mathrm{T}}\boldsymbol{a}_r=0,$$

因为 $\boldsymbol{a}_1,\boldsymbol{a}_2,\cdots,\boldsymbol{a}_r$ 是正交向量组，故必有 $\boldsymbol{a}_i^{\mathrm{T}}\boldsymbol{a}_j=0(j\neq i)$，因此

$$k_i\boldsymbol{a}_i^{\mathrm{T}}\boldsymbol{a}_i=0\quad(i=1,2,\cdots,r).$$

又 $\boldsymbol{a}_i\neq\boldsymbol{0}$，所以 $\boldsymbol{a}_i^{\mathrm{T}}\boldsymbol{a}_i=\|\boldsymbol{a}_i\|^2\neq 0$，必有 $k_i=0(i=1,2,\cdots,r)$，故 $\boldsymbol{a}_1,\boldsymbol{a}_2,\cdots,\boldsymbol{a}_r$ 线性无关.

规范正交向量组必是正交向量组，正交向量组必是线性无关的，反之则不一定.例如

$$\boldsymbol{\alpha}_1=\begin{bmatrix}1\\0\\0\end{bmatrix},\quad \boldsymbol{\alpha}_2=\begin{bmatrix}1\\1\\0\end{bmatrix}$$

是线性无关的，但不是正交的($[\boldsymbol{\alpha}_1,\boldsymbol{\alpha}_2]=1\neq 0$)；又

$$\boldsymbol{a}_1=\begin{bmatrix}1\\1\\1\end{bmatrix},\quad \boldsymbol{a}_2=\begin{bmatrix}1\\-2\\1\end{bmatrix}$$

是正交的，但不是规范正交的($\|\boldsymbol{a}_1\|=\sqrt{3}\neq 1$)；而

$$\boldsymbol{b}_1=\begin{bmatrix}\frac{1}{\sqrt{2}}\\\frac{1}{\sqrt{2}}\\0\end{bmatrix},\quad \boldsymbol{b}_2=\begin{bmatrix}\frac{1}{\sqrt{2}}\\-\frac{1}{\sqrt{2}}\\0\end{bmatrix}$$

是规范正交的.

一般情况下，可以求出线性无关的向量组 $\boldsymbol{a}_1,\boldsymbol{a}_2,\cdots,\boldsymbol{a}_r$，但当需要求出规范正交向量组 $\boldsymbol{\varepsilon}_1,\boldsymbol{\varepsilon}_2,\cdots,\boldsymbol{\varepsilon}_r$ 时，如何进行求解呢?

第一步：由线性无关向量组 $\boldsymbol{a}_1,\boldsymbol{a}_2,\cdots,\boldsymbol{a}_r$ 出发构造等价的正交向量组 $\boldsymbol{b}_1,\boldsymbol{b}_2,\cdots,\boldsymbol{b}_r$，即

$$\begin{cases}\boldsymbol{b}_1=\boldsymbol{a}_1,\\ \boldsymbol{b}_2=\boldsymbol{a}_2-\dfrac{[\boldsymbol{a}_2,\boldsymbol{b}_1]}{[\boldsymbol{b}_1,\boldsymbol{b}_1]}\boldsymbol{b}_1,\\ \vdots\\ \boldsymbol{b}_r=\boldsymbol{a}_r-\displaystyle\sum_{i=1}^{r-1}\dfrac{[\boldsymbol{a}_r,\boldsymbol{b}_i]}{[\boldsymbol{b}_i,\boldsymbol{b}_i]}\boldsymbol{b}_i.\end{cases}$$

这是因为，对于给定的一组线性无关的向量 $\boldsymbol{a}_1,\boldsymbol{a}_2,\cdots,\boldsymbol{a}_r$，首先是把 $\boldsymbol{a}_1,\boldsymbol{a}_2$ 正交化.如右图所示，只需令向量 $\boldsymbol{a}_1$ 不动（$\boldsymbol{b}_1=\boldsymbol{a}_1$）而把向量 $\boldsymbol{a}_2$ 加上 $\boldsymbol{a}_1$ 的合适的倍数，令

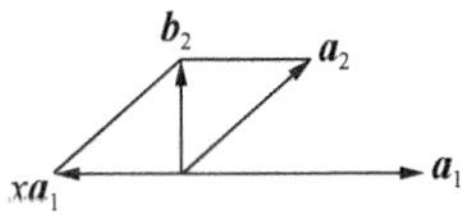

$$(\boldsymbol{a}_2+x\boldsymbol{a}_1)\cdot\boldsymbol{a}_1=0,$$

解得 $x=-\dfrac{[\boldsymbol{a}_2,\boldsymbol{a}_1]}{[\boldsymbol{a}_1,\boldsymbol{a}_1]}$，即 $x=-\dfrac{[\boldsymbol{a}_2,\boldsymbol{b}_1]}{[\boldsymbol{b}_1,\boldsymbol{b}_1]}$，这样构造出的向量

$$\boldsymbol{b}_2=\boldsymbol{a}_2-\frac{[\boldsymbol{a}_2,\boldsymbol{b}_1]}{[\boldsymbol{b}_1,\boldsymbol{b}_1]}\boldsymbol{b}_1$$

就是与向量 $\boldsymbol{a}_1$ 正交的向量，从而达到将 $\boldsymbol{a}_1,\boldsymbol{a}_2$ 正交化的目的.

同理，令 $\boldsymbol{b}_3=\boldsymbol{a}_3+x\boldsymbol{b}_2+y\boldsymbol{b}_1$，则由

$$\begin{cases}\boldsymbol{b}_3\cdot\boldsymbol{b}_2=0,\\ \boldsymbol{b}_3\cdot\boldsymbol{b}_1=0\end{cases}$$

可得

$$x=-\frac{[\boldsymbol{a}_3,\boldsymbol{b}_2]}{[\boldsymbol{b}_2,\boldsymbol{b}_2]},\quad y=-\frac{[\boldsymbol{a}_3,\boldsymbol{b}_1]}{[\boldsymbol{b}_1,\boldsymbol{b}_1]},$$

这样构造出的向量

$$\boldsymbol{b}_3=\boldsymbol{a}_3-\frac{[\boldsymbol{a}_3,\boldsymbol{b}_2]}{[\boldsymbol{b}_2,\boldsymbol{b}_2]}\boldsymbol{b}_2-\frac{[\boldsymbol{a}_3,\boldsymbol{b}_1]}{[\boldsymbol{b}_1,\boldsymbol{b}_1]}\boldsymbol{b}_1$$

就是与向量 $\boldsymbol{b}_1,\boldsymbol{b}_2$ 同时正交的向量.

重复完全相同的步骤可以得到

$$\boldsymbol{b}_r=\boldsymbol{a}_r-\frac{[\boldsymbol{a}_r,\boldsymbol{b}_{r-1}]}{[\boldsymbol{b}_{r-1},\boldsymbol{b}_{r-1}]}\boldsymbol{b}_{r-1}-\cdots-\frac{[\boldsymbol{a}_r,\boldsymbol{b}_1]}{[\boldsymbol{b}_1,\boldsymbol{b}_1]}\boldsymbol{b}_1.$$

这种方法称为 Schimidt(施密特) 正交化方法，得到的 $\boldsymbol{b}_1,\boldsymbol{b}_2,\cdots,\boldsymbol{b}_r$ 是正交的.

第二步：将正交向量组 $\boldsymbol{b}_1,\boldsymbol{b}_2,\cdots,\boldsymbol{b}_r$ 单位化，即令

$$\boldsymbol{\varepsilon}_i=\frac{\boldsymbol{b}_i}{\|\boldsymbol{b}_i\|}\quad(i=1,2,\cdots,r),$$

则 $\boldsymbol{\varepsilon}_1,\boldsymbol{\varepsilon}_2,\cdots,\boldsymbol{\varepsilon}_r$ 为规范正交向量组.

例 1　已知线性无关向量组

$$\boldsymbol{a}_1=\begin{bmatrix}1\\2\\-1\end{bmatrix},\quad \boldsymbol{a}_2=\begin{bmatrix}-1\\3\\1\end{bmatrix},\quad \boldsymbol{a}_3=\begin{bmatrix}4\\-1\\0\end{bmatrix},$$

将它们转化为规范正交向量组 $\boldsymbol{\varepsilon}_1,\boldsymbol{\varepsilon}_2,\boldsymbol{\varepsilon}_3$.

解　由施密特正交化方法,有

$$\boldsymbol{b}_1=\boldsymbol{a}_1,$$

$$\boldsymbol{b}_2=\boldsymbol{a}_2-\frac{\boldsymbol{a}_2^{\mathrm{T}}\boldsymbol{b}_1}{\boldsymbol{b}_1^{\mathrm{T}}\boldsymbol{b}_1}\boldsymbol{b}_1=\begin{bmatrix}-1\\3\\1\end{bmatrix}-\frac{2}{3}\begin{bmatrix}1\\2\\-1\end{bmatrix}=\frac{5}{3}\begin{bmatrix}-1\\1\\1\end{bmatrix},$$

$$\boldsymbol{b}_3=\boldsymbol{a}_3-\frac{\boldsymbol{a}_3^{\mathrm{T}}\boldsymbol{b}_1}{\boldsymbol{b}_1^{\mathrm{T}}\boldsymbol{b}_1}\boldsymbol{b}_1-\frac{\boldsymbol{a}_3^{\mathrm{T}}\boldsymbol{b}_2}{\boldsymbol{b}_2^{\mathrm{T}}\boldsymbol{b}_2}\boldsymbol{b}_2=\begin{bmatrix}4\\-1\\0\end{bmatrix}-\frac{1}{3}\begin{bmatrix}1\\2\\-1\end{bmatrix}+\frac{5}{3}\begin{bmatrix}-1\\1\\1\end{bmatrix}=2\begin{bmatrix}1\\0\\1\end{bmatrix},$$

则

$$\boldsymbol{\varepsilon}_1=\frac{\boldsymbol{b}_1}{\|\boldsymbol{b}_1\|}=\frac{1}{\sqrt{6}}\begin{bmatrix}1\\2\\-1\end{bmatrix},\quad \boldsymbol{\varepsilon}_2=\frac{\boldsymbol{b}_2}{\|\boldsymbol{b}_2\|}=\frac{1}{\sqrt{3}}\begin{bmatrix}-1\\1\\1\end{bmatrix},\quad \boldsymbol{\varepsilon}_3=\frac{\boldsymbol{b}_3}{\|\boldsymbol{b}_3\|}=\frac{1}{\sqrt{2}}\begin{bmatrix}1\\0\\1\end{bmatrix}$$

为所求的规范正交向量组.

定义 5.5　如果 n 阶方阵 $\boldsymbol{A}$ 满足

$$\boldsymbol{A}^{\mathrm{T}}\boldsymbol{A}=\boldsymbol{E},\quad 即\quad \boldsymbol{A}^{-1}=\boldsymbol{A}^{\mathrm{T}},$$

则称 $\boldsymbol{A}$ 为正交矩阵.

例如,矩阵

$$\begin{bmatrix}1&0\\0&1\end{bmatrix},\quad \begin{bmatrix}\frac{1}{\sqrt{2}}&0&-\frac{1}{\sqrt{2}}\\0&1&0\\\frac{1}{\sqrt{2}}&0&\frac{1}{\sqrt{2}}\end{bmatrix},\quad \begin{bmatrix}\frac{1}{\sqrt{3}}&\frac{1}{\sqrt{2}}&\frac{1}{\sqrt{6}}\\\frac{1}{\sqrt{3}}&0&-\frac{2}{\sqrt{6}}\\\frac{1}{\sqrt{3}}&-\frac{1}{\sqrt{2}}&\frac{1}{\sqrt{6}}\end{bmatrix}$$

等都是正交矩阵.

正交矩阵具有如下性质:

(1) 若 $\boldsymbol{A}$ 为正交矩阵,则 $|\boldsymbol{A}|=\pm1$;

(2) $\boldsymbol{A}$ 为正交矩阵的充要条件是 $\boldsymbol{A}$ 的列(行)向量组为规范正交向量组.

由正交矩阵的定义和方阵的性质可以直接得出(1),这里只分析(2).

如果 $\boldsymbol{A}$ 为正交矩阵,令 $\boldsymbol{A}=[\boldsymbol{a}_1\quad \boldsymbol{a}_2\quad \cdots\quad \boldsymbol{a}_n]$,其中 $\boldsymbol{a}_i(i=1,2,\cdots,n)$ 是 n 维列向量,则

$$\boldsymbol{A}^{\mathrm{T}}\boldsymbol{A}=\begin{bmatrix}\boldsymbol{a}_1^{\mathrm{T}}\\ \boldsymbol{a}_2^{\mathrm{T}}\\ \vdots\\ \boldsymbol{a}_n^{\mathrm{T}}\end{bmatrix}\begin{bmatrix}\boldsymbol{a}_1 & \boldsymbol{a}_2 & \cdots & \boldsymbol{a}_n\end{bmatrix}=\begin{bmatrix}\boldsymbol{a}_1^{\mathrm{T}}\boldsymbol{a}_1 & \boldsymbol{a}_1^{\mathrm{T}}\boldsymbol{a}_2 & \cdots & \boldsymbol{a}_1^{\mathrm{T}}\boldsymbol{a}_n\\ \boldsymbol{a}_2^{\mathrm{T}}\boldsymbol{a}_1 & \boldsymbol{a}_2^{\mathrm{T}}\boldsymbol{a}_2 & \cdots & \boldsymbol{a}_2^{\mathrm{T}}\boldsymbol{a}_n\\ \vdots & \vdots & & \vdots\\ \boldsymbol{a}_n^{\mathrm{T}}\boldsymbol{a}_1 & \boldsymbol{a}_n^{\mathrm{T}}\boldsymbol{a}_2 & \cdots & \boldsymbol{a}_n^{\mathrm{T}}\boldsymbol{a}_n\end{bmatrix}$$

$$=\begin{bmatrix}1 & 0 & \cdots & 0\\ 0 & 1 & \cdots & 0\\ \vdots & \vdots & & \vdots\\ 0 & 0 & \cdots & 1\end{bmatrix},$$

容易看出

$$\boldsymbol{a}_i^{\mathrm{T}}\boldsymbol{a}_j=\begin{cases}1, & i=j,\\ 0, & i\neq j,\end{cases}$$

即 $\boldsymbol{A}$ 的列向量组 $\boldsymbol{a}_1,\boldsymbol{a}_2,\cdots,\boldsymbol{a}_n$ 为规范正交向量组.

若令

$$\boldsymbol{A}=\begin{bmatrix}\boldsymbol{a}_1^{\mathrm{T}}\\ \boldsymbol{a}_2^{\mathrm{T}}\\ \vdots\\ \boldsymbol{a}_n^{\mathrm{T}}\end{bmatrix},$$

由于 $\boldsymbol{A}^{\mathrm{T}}\boldsymbol{A}=\boldsymbol{E}$,则 $\boldsymbol{A}\boldsymbol{A}^{\mathrm{T}}=\boldsymbol{E}$,所以用完全相同的方法可以得到

$$\boldsymbol{a}_i^{\mathrm{T}}\boldsymbol{a}_j=\begin{cases}1, & i=j,\\ 0, & i\neq j,\end{cases}$$

即 $\boldsymbol{A}$ 的行向量组也是规范正交向量组.

例 2　判断矩阵

$$\boldsymbol{A}=\begin{bmatrix}\frac{1}{3} & \frac{2}{3} & \frac{2}{3}\\ \frac{2}{3} & \frac{1}{3} & -\frac{2}{3}\\ \frac{2}{3} & -\frac{2}{3} & \frac{1}{3}\end{bmatrix}$$

是否为正交矩阵,并说明理由.

解　因为

$$A^{T}A=\begin{bmatrix}\frac{1}{3}&\frac{2}{3}&\frac{2}{3}\\\frac{2}{3}&\frac{1}{3}&-\frac{2}{3}\\\frac{2}{3}&-\frac{2}{3}&\frac{1}{3}\end{bmatrix}\begin{bmatrix}\frac{1}{3}&\frac{2}{3}&\frac{2}{3}\\\frac{2}{3}&\frac{1}{3}&-\frac{2}{3}\\\frac{2}{3}&-\frac{2}{3}&\frac{1}{3}\end{bmatrix}=E,$$

故 $\boldsymbol{A}$ 为正交矩阵.

第四节　实对称矩阵的相似对角化

由第二节的讨论知，不是所有矩阵都能相似对角化，原因在于不是每一个 n 阶方阵都有 n 个线性无关的特征向量，有 n 个线性无关的特征向量的方阵才能对角化，没有 n 个的就不能对角化.本节指出，任何一个实对称矩阵(元素均为实数的对称方阵)都可以相似于对角方阵，并给出对角化的步骤.

定理 5.7　实对称矩阵属于不同特征值的特征向量必正交.

证明　设 λ_1,λ_2 是实对称矩阵 $\boldsymbol{A}$ 的互异特征值，$\boldsymbol{\xi}_1,\boldsymbol{\xi}_2$ 分别是对应的特征向量，则根据特征值与特征向量的定义有

$$\boldsymbol{A\xi}_1=\lambda_1\boldsymbol{\xi}_1,\quad \boldsymbol{A\xi}_2=\lambda_2\boldsymbol{\xi}_2.$$

由于

$$(\lambda_1\boldsymbol{\xi}_1)^{T}=\lambda_1\boldsymbol{\xi}_1^{T}=(\boldsymbol{A\xi}_1)^{T}=\boldsymbol{\xi}_1^{T}\boldsymbol{A}^{T}=\boldsymbol{\xi}_1^{T}\boldsymbol{A},$$

因此

$$\lambda_1\boldsymbol{\xi}_1^{T}\boldsymbol{\xi}_2=\boldsymbol{\xi}_1^{T}\boldsymbol{A\xi}_2=\boldsymbol{\xi}_1^{T}(\boldsymbol{A\xi}_2)=\boldsymbol{\xi}_1^{T}(\lambda_2\boldsymbol{\xi}_2)=\lambda_2\boldsymbol{\xi}_1^{T}\boldsymbol{\xi}_2,$$

所以

$$(\lambda_1-\lambda_2)\boldsymbol{\xi}_1^{T}\boldsymbol{\xi}_2=0.$$

又因为 $\lambda_1\neq\lambda_2$，故 $\boldsymbol{\xi}_1^{T}\boldsymbol{\xi}_2=0$，即 $\boldsymbol{\xi}_1,\boldsymbol{\xi}_2$ 正交.

定理 5.8　若 $\boldsymbol{A}$ 为实对称矩阵，则存在正交矩阵 $\boldsymbol{P}$，使得

$$\boldsymbol{P}^{-1}\boldsymbol{AP}=\boldsymbol{P}^{T}\boldsymbol{AP}=\boldsymbol{\Lambda},$$

其中，$\boldsymbol{\Lambda}$ 表示对角方阵.

定理 5.8 说明实对称矩阵可以相似对角化，其具体步骤如下：

(1) 求出 n 阶方阵 $\boldsymbol{A}$ 的全部特征值 $\lambda_1,\lambda_2,\cdots,\lambda_n$.

(2) 对应于每一个 λ_i，求出其特征向量.

(3) 若所有特征值互不相等，只需将求出的所有特征向量单位化；若特征值有

重根，先将属于重根的几个特征向量正交化，再将所有特征向量单位化.

(4) 将全部规范正交化的特征向量放在一起构成一个 n 阶方阵 $\boldsymbol{P}$（注意 $\boldsymbol{P}$ 中列向量的位置与对角矩阵中特征值的位置是对应的），则

$$\boldsymbol{P}^{-1}\boldsymbol{A}\boldsymbol{P}=\boldsymbol{P}^{\mathrm{T}}\boldsymbol{A}\boldsymbol{P}=\begin{bmatrix}\lambda_1 & & & \\ & \lambda_2 & & \\ & & \ddots & \\ & & & \lambda_n\end{bmatrix}.$$

例 1　已知三阶实对称矩阵

$$\boldsymbol{A}=\begin{bmatrix}1 & 2 & 1\\ 2 & 4 & 2\\ 1 & 2 & 1\end{bmatrix},$$

求正交矩阵 $\boldsymbol{P}$，使得 $\boldsymbol{P}^{-1}\boldsymbol{A}\boldsymbol{P}=\boldsymbol{P}^{\mathrm{T}}\boldsymbol{A}\boldsymbol{P}=\boldsymbol{\Lambda}$.

解　特征多项式为

$$|\lambda\boldsymbol{E}-\boldsymbol{A}|=\begin{vmatrix}\lambda-1 & -2 & -1\\ -2 & \lambda-4 & -2\\ -1 & -2 & \lambda-1\end{vmatrix}=\lambda^2(\lambda-6),$$

则 $\boldsymbol{A}$ 的特征值为 $\lambda_1=6,\lambda_2=\lambda_3=0$.

当 $\lambda_1=6$ 时，由

$$\begin{cases}5x_1-2x_2-x_3=0,\\ -2x_1+2x_2-2x_3=0,\\ -x_1-2x_2+5x_3=0,\end{cases}$$

得属于 $\lambda_1=6$ 的特征向量为

$$\boldsymbol{\xi}_1=\begin{bmatrix}1\\2\\1\end{bmatrix},$$

单位化得

$$\boldsymbol{\varepsilon}_1=\frac{1}{\sqrt{6}}\begin{bmatrix}1\\2\\1\end{bmatrix}.$$

对于特征值 $\lambda_2=\lambda_3=0$，由

$$\begin{cases} -x_1-2x_2-x_3=0, \\ -2x_1-4x_2-2x_3=0, \\ -x_1-2x_2-x_3=0, \end{cases}$$

得属于 $\lambda_2=\lambda_3=0$ 的特征向量是

$$\boldsymbol{\xi}_2=\begin{bmatrix}-2\\1\\0\end{bmatrix},\quad \boldsymbol{\xi}_3=\begin{bmatrix}-1\\0\\1\end{bmatrix}.$$

显然这两个向量线性无关,下面单位正交化.先正交化得

$$\boldsymbol{\eta}_2=\boldsymbol{\xi}_2,$$

$$\boldsymbol{\eta}_3=\boldsymbol{\xi}_3-\frac{\boldsymbol{\xi}_3^{\mathrm{T}}\boldsymbol{\eta}_2}{\boldsymbol{\eta}_2^{\mathrm{T}}\boldsymbol{\eta}_2}\boldsymbol{\eta}_2=\begin{bmatrix}-1\\0\\1\end{bmatrix}-\frac{2}{5}\begin{bmatrix}-2\\1\\0\end{bmatrix}=\frac{1}{5}\begin{bmatrix}-1\\-2\\5\end{bmatrix},$$

再单位化得

$$\boldsymbol{\varepsilon}_2=\frac{\boldsymbol{\eta}_2}{\|\boldsymbol{\eta}_2\|}=\frac{1}{\sqrt{5}}\begin{bmatrix}-2\\1\\0\end{bmatrix},\quad \boldsymbol{\varepsilon}_3=\frac{\boldsymbol{\eta}_3}{\|\boldsymbol{\eta}_3\|}=\frac{1}{\sqrt{30}}\begin{bmatrix}-1\\-2\\5\end{bmatrix}.$$

令

$$\boldsymbol{P}=[\boldsymbol{\varepsilon}_1\quad \boldsymbol{\varepsilon}_2\quad \boldsymbol{\varepsilon}_3]=\begin{bmatrix}\frac{1}{\sqrt{6}} & -\frac{2}{\sqrt{5}} & -\frac{1}{\sqrt{30}}\\ \frac{2}{\sqrt{6}} & \frac{1}{\sqrt{5}} & -\frac{2}{\sqrt{30}}\\ \frac{1}{\sqrt{6}} & 0 & \frac{5}{\sqrt{30}}\end{bmatrix},$$

则有

$$\boldsymbol{P}^{-1}\boldsymbol{A}\boldsymbol{P}=\boldsymbol{P}^{\mathrm{T}}\boldsymbol{A}\boldsymbol{P}=\begin{bmatrix}6 & & \\ & 0 & \\ & & 0\end{bmatrix}.$$

例 2 已知二阶实对称矩阵

$$\boldsymbol{A}=\begin{bmatrix}2 & -1\\ -1 & 2\end{bmatrix},$$

求正交矩阵 $\boldsymbol{P}$，使得 $\boldsymbol{P}^{-1}\boldsymbol{A}\boldsymbol{P}=\boldsymbol{P}^{\mathrm{T}}\boldsymbol{A}\boldsymbol{P}=\boldsymbol{\Lambda}$.

解　特征多项式为

$$|\lambda\boldsymbol{E}-\boldsymbol{A}|=\begin{vmatrix}\lambda-2 & 1\\ 1 & \lambda-2\end{vmatrix}=(\lambda-1)(\lambda-3),$$

则 $\boldsymbol{A}$ 的特征值为 $\lambda_1=1,\lambda_2=3$.

当 $\lambda_1=1$ 时，由方程组

$$\begin{cases}-x_1+x_2=0,\\ x_1-x_2=0,\end{cases}$$

可得对应特征向量为 $[1\quad 1]^{\mathrm{T}}$，单位化有 $\boldsymbol{\varepsilon}_1=\frac{1}{\sqrt{2}}[1\quad 1]^{\mathrm{T}}$.

对于 $\lambda_2=3$，有

$$\begin{cases}x_1+x_2=0,\\ x_1+x_2=0,\end{cases}$$

可得对应特征向量为 $[1\quad -1]^{\mathrm{T}}$，单位化有 $\boldsymbol{\varepsilon}_2=\frac{1}{\sqrt{2}}[1\quad -1]^{\mathrm{T}}$.

令

$$\boldsymbol{P}=\frac{1}{\sqrt{2}}\begin{bmatrix}1 & 1\\ 1 & -1\end{bmatrix},$$

则

$$\boldsymbol{P}^{-1}\boldsymbol{A}\boldsymbol{P}=\boldsymbol{P}^{\mathrm{T}}\boldsymbol{A}\boldsymbol{P}=\begin{bmatrix}1 & 0\\ 0 & 3\end{bmatrix}.$$

思考　在求正交矩阵 $\boldsymbol{P}$ 的时候，为什么有的题目（如例 1）需要把特征向量进行正交化和规范化两步，而有的题目（如例 2）却只需要进行规范化一步？

习题五

（A 组）

1. 求出下列矩阵的特征值和特征向量：

(1) $\begin{bmatrix}4 & 6 & 0\\ -3 & -5 & 0\\ -3 & -6 & 1\end{bmatrix}$；　　(2) $\begin{bmatrix}0 & 0 & 1\\ 0 & 1 & 0\\ 1 & 0 & 0\end{bmatrix}$；

(3) $\begin{bmatrix}1 & 3 & 1 & 2\\0 & -1 & 3 & 3\\0 & 0 & 2 & 5\\0 & 0 & 0 & 2\end{bmatrix}$；　　(4) $\begin{bmatrix}2 & 1 & 1\\-2 & 5 & 1\\-3 & 2 & 5\end{bmatrix}$.

2. 利用施密特正交化方法将下列向量组规范正交化：

(1) $\boldsymbol{\alpha}_1=\begin{bmatrix}3\\4\end{bmatrix},\boldsymbol{\alpha}_2=\begin{bmatrix}2\\3\end{bmatrix}$；

(2) $\boldsymbol{\alpha}_1=\begin{bmatrix}2\\0\\0\end{bmatrix},\boldsymbol{\alpha}_2=\begin{bmatrix}0\\1\\-1\end{bmatrix},\boldsymbol{\alpha}_3=\begin{bmatrix}5\\6\\0\end{bmatrix}$；

(3) $\boldsymbol{\alpha}_1=\begin{bmatrix}1\\1\\0\end{bmatrix},\boldsymbol{\alpha}_2=\begin{bmatrix}0\\1\\1\end{bmatrix},\boldsymbol{\alpha}_3=\begin{bmatrix}3\\4\\0\end{bmatrix}$.

3. 求正交矩阵 $\boldsymbol{P}$，将矩阵 $\boldsymbol{A}$ 对角化.

(1) $\boldsymbol{A}=\begin{bmatrix}2 & -2 & 0\\-2 & 1 & -2\\0 & -2 & 0\end{bmatrix}$；　　(2) $\boldsymbol{A}=\begin{bmatrix}1 & 2 & 2\\2 & 1 & 2\\2 & 2 & 1\end{bmatrix}$.

4. 判断下列矩阵是否为正交矩阵，并说明理由.

(1) $\boldsymbol{A}=\begin{bmatrix}1 & -\frac{1}{2} & \frac{1}{3}\\-\frac{1}{2} & 1 & \frac{1}{2}\\\frac{1}{3} & \frac{1}{2} & -1\end{bmatrix}$；

(2) $\boldsymbol{A}=\frac{1}{6}\begin{bmatrix}1 & 5 & \sqrt{10}\\5 & 1 & -\sqrt{10}\\\sqrt{10} & -\sqrt{10} & 4\end{bmatrix}$.

(B 组)

1. 填空题：

(1) 若方阵 $\boldsymbol{A}$ 有一个特征值为 0，则 $|\boldsymbol{A}|=$________.

(2) 设方阵 $\boldsymbol{A}$ 与方阵

$$\boldsymbol{B}=\begin{bmatrix}1 & 3 & 0\\1 & -1 & 0\\0 & 0 & 2\end{bmatrix}$$

相似，则 $\boldsymbol{A}$ 的特征值为________.

(3) 若方阵 $\boldsymbol{A}$ 有一个特征值为 $\lambda=3$，则方阵 $9\boldsymbol{A}^{-1}$ 必有一个特征值为________.

2. n 阶方阵 $\boldsymbol{A}$ 与对角矩阵相似的充分必要条件是　　（　　）

A. 方阵 $\boldsymbol{A}$ 有 n 个互不相同的特征向量

B. 方阵 $\boldsymbol{A}$ 有 n 个线性无关的特征向量

C. 方阵 $\boldsymbol{A}$ 有 n 个互不相同的特征值

D. 方阵 $\boldsymbol{A}$ 有 n 个两两正交的单位特征向量

3. 已知二阶矩阵 $\boldsymbol{A}$ 的特征值分别是 $\lambda_1=1,\lambda_2=-1$，对应的特征向量依次为

$$\boldsymbol{\xi}_1=\begin{bmatrix}1\\1\end{bmatrix},\quad \boldsymbol{\xi}_2=\begin{bmatrix}1\\-1\end{bmatrix},$$

求矩阵 $\boldsymbol{A}$.

4. 设 $\boldsymbol{A}=\begin{bmatrix}2&-1\\-1&2\end{bmatrix}$，求 $\boldsymbol{A}^n(n\in\mathbf{N}^*)$.

第六章　二次型及其标准形

在几何学中，我们经常需要判断图形的形状.例如，二次曲线

$$13x^2-10xy+13y^2=72$$

在平面直角坐标系下的图形是什么？由于它不是标准方程，我们很难判断它的形状.但如果将该方程表示的图形顺时针方向旋转 45°，即令

$$\begin{cases} x=x'\cos\dfrac{\pi}{4}-y'\sin\dfrac{\pi}{4}, \\ y=x'\sin\dfrac{\pi}{4}+y'\cos\dfrac{\pi}{4}, \end{cases}$$

代入原方程，化简得

$$\frac{(x')^2}{9}+\frac{(y')^2}{4}=1.$$

这是一个中心在坐标原点、对称轴为坐标轴的椭圆.

我们把上述旋转公式写成矩阵形式：

$$\begin{bmatrix} x \\ y \end{bmatrix}=\begin{bmatrix} \cos\dfrac{\pi}{4} & -\sin\dfrac{\pi}{4} \\ \sin\dfrac{\pi}{4} & \cos\dfrac{\pi}{4} \end{bmatrix}\begin{bmatrix} x' \\ y' \end{bmatrix},$$

容易看到，矩阵

$$\begin{bmatrix} \cos\dfrac{\pi}{4} & -\sin\dfrac{\pi}{4} \\ \sin\dfrac{\pi}{4} & \cos\dfrac{\pi}{4} \end{bmatrix}$$

是一个正交矩阵，所以称上述旋转公式为一个正交变换.即存在一个正交变换，可以把一般的二次型化为标准形.

第一节　二次型的基本概念

定义 6.1　关于 n 个变元 $x_1,x_2,\cdots,x_n$ 的二次齐次多项式

$$f(x_1,x_2,\cdots,x_n)=a_{11}x_1^2+a_{22}x_2^2+\cdots+a_{nn}x_n^2+2a_{12}x_1x_2+2a_{13}x_1x_3+\cdots+2a_{n-1,n}x_{n-1}x_n \tag{1}$$

称为 n 元二次型，简称二次型.

二次型中，若 a_{ij} 都为实数，则称它为实二次型；若 a_{ij} 不全为实数，则称它为复二次型.本书仅讨论实二次型.

例如，

$$f(x_1,x_2,x_3)=x_1^2+3x_2^2+2x_1x_2+3x_1x_3+4x_2x_3$$

是一个关于 x_1,x_2,x_3 的三元实二次型.

再如，

$$f(x_1,x_2,x_3,x_4)=x_1^2+3x_2^2+2x_3^2-2x_4^2$$

是一个关于 x_1,x_2,x_3,x_4 的四元实二次型.像这种只含有平方项的二次型，我们称之为标准形.

为研究方便，常常用矩阵表示二次型.

令 $a_{ij}=a_{ji}(j>i)$，这样 $2a_{ij}x_ix_j$ 就可以写成 $a_{ij}x_ix_j+a_{ji}x_jx_i$，于是式(1) 可写为

$$\begin{aligned}f(x_1,x_2,\cdots,x_n)=&a_{11}x_1^2+a_{12}x_1x_2+a_{13}x_1x_3+\cdots+a_{1n}x_1x_n\\&+a_{21}x_2x_1+a_{22}x_2^2+a_{23}x_2x_3+\cdots+a_{2n}x_2x_n\\&+\cdots\\&+a_{n1}x_nx_1+a_{n2}x_nx_2+a_{n3}x_nx_3+\cdots+a_{nn}x_n^2.\end{aligned} \tag{2}$$

由矩阵乘法法则，若令

$$\boldsymbol{A}=\begin{bmatrix}a_{11}&a_{12}&\cdots&a_{1n}\\a_{21}&a_{22}&\cdots&a_{2n}\\\vdots&\vdots&&\vdots\\a_{n1}&a_{n2}&\cdots&a_{nn}\end{bmatrix},\quad \boldsymbol{x}=\begin{bmatrix}x_1\\x_2\\\vdots\\x_n\end{bmatrix},$$

则式(2) 可写成矩阵形式

$$\begin{aligned}f(x_1,x_2,\cdots,x_n)&=[x_1\quad x_2\quad\cdots\quad x_n]\begin{bmatrix}a_{11}&a_{12}&\cdots&a_{1n}\\a_{21}&a_{22}&\cdots&a_{2n}\\\vdots&\vdots&&\vdots\\a_{n1}&a_{n2}&\cdots&a_{nn}\end{bmatrix}\begin{bmatrix}x_1\\x_2\\\vdots\\x_n\end{bmatrix}\\&=\boldsymbol{x}^{\mathrm{T}}\boldsymbol{A}\boldsymbol{x},\end{aligned} \tag{3}$$

其中，$\boldsymbol{A}$ 为对称矩阵.

例如,二次型

$$f(x_1,x_2,x_3)=x_1^2+3x_2^2+2x_1x_2+3x_1x_3+4x_2x_3$$

可以用矩阵表示为

$$f(x_1,x_2,x_3)=\begin{bmatrix}x_1 & x_2 & x_3\end{bmatrix}\begin{bmatrix}1 & 1 & \frac{3}{2}\\ 1 & 3 & 2\\ \frac{3}{2} & 2 & 0\end{bmatrix}\begin{bmatrix}x_1\\ x_2\\ x_3\end{bmatrix},$$

而二次型

$$f(x_1,x_2,x_3,x_4)=x_1^2+3x_2^2+2x_3^2-2x_4^2$$

可以表示为

$$f(x_1,x_2,x_3,x_4)=\begin{bmatrix}x_1 & x_2 & x_3 & x_4\end{bmatrix}\begin{bmatrix}1 & 0 & 0 & 0\\ 0 & 3 & 0 & 0\\ 0 & 0 & 2 & 0\\ 0 & 0 & 0 & -2\end{bmatrix}\begin{bmatrix}x_1\\ x_2\\ x_3\\ x_4\end{bmatrix}.$$

容易看出,任给一个二次型,就可唯一确定一个对称矩阵;反过来,任给一个对称矩阵,也可唯一确定一个二次型.我们把这个矩阵称为二次型的矩阵.二次型的矩阵中的元素与二次型中各项系数之间的关系如下:矩阵中主对角线上的元素按照角标的顺序依次是二次型中平方项的系数,而其余元素 a_{ij} 和 a_{ji} 是二次型中交叉项 $x_ix_j(j>i)$ 系数的一半.

正是由于二次型与对称矩阵这种一一对应的关系,使得我们可以通过对称矩阵来研究二次型.对于一般的二次型,讨论的主要问题如下:寻找可逆的变换

$$\begin{cases}x_1=c_{11}y_1+c_{12}y_2+\cdots+c_{1n}y_n,\\ x_2=c_{21}y_1+c_{22}y_2+\cdots+c_{2n}y_n,\\ \vdots\\ x_n=c_{n1}y_1+c_{n2}y_2+\cdots+c_{nn}y_n,\end{cases}\tag{4}$$

其中矩阵 $\boldsymbol{C}=(c_{ij})_{n\times n}$ 是可逆矩阵,使新二次型只含平方项,不含非平方项.即将式(4) 代入式(3),使

$$f=k_1y_1^2+k_2y_2^2+\cdots+k_ny_n^2.\tag{5}$$

式(5) 称为二次型的标准形.

如将式(4) 写成 $\boldsymbol{x}=\boldsymbol{C}\boldsymbol{y}$,代入式(3),有

$$f=\boldsymbol{x}^{\mathrm{T}}\boldsymbol{A}\boldsymbol{x}=(\boldsymbol{C}\boldsymbol{y})^{\mathrm{T}}\boldsymbol{A}(\boldsymbol{C}\boldsymbol{y})=\boldsymbol{y}^{\mathrm{T}}(\boldsymbol{C}^{\mathrm{T}}\boldsymbol{A}\boldsymbol{C})\boldsymbol{y}.$$

要使

$$f=k_1y_1^2+k_2y_2^2+\cdots+k_ny_n^2,$$

也就是使 $\boldsymbol{C}^{\mathrm{T}}\boldsymbol{A}\boldsymbol{C}$ 成为对角矩阵.

因此,化二次型为标准形的问题就是对于对称矩阵 $\boldsymbol{A}$,寻找可逆矩阵 $\boldsymbol{C}$,使

$$\boldsymbol{C}^{\mathrm{T}}\boldsymbol{A}\boldsymbol{C}=\boldsymbol{\Lambda}\quad(对角矩阵).$$

第二节　化二次型为标准形

上一节我们知道,要将二次型化为标准形,就是要寻找可逆矩阵 $\boldsymbol{C}$,使 $\boldsymbol{C}^{\mathrm{T}}\boldsymbol{A}\boldsymbol{C}$ 为对角矩阵.这样的可逆矩阵 $\boldsymbol{C}$ 一定存在吗?该如何求?根据上一章的知识,对任意 n 阶实对称矩阵 $\boldsymbol{A}$,必有正交矩阵 $\boldsymbol{P}$,使

$$\boldsymbol{P}^{\mathrm{T}}\boldsymbol{A}\boldsymbol{P}=\begin{bmatrix}\lambda_1 & & & \\ & \lambda_2 & & \\ & & \ddots & \\ & & & \lambda_n\end{bmatrix},$$

其中,$\lambda_1,\lambda_2,\cdots,\lambda_n$ 是矩阵 $\boldsymbol{A}$ 的全部特征值,正交矩阵 $\boldsymbol{P}$ 的 n 个列向量是矩阵 $\boldsymbol{A}$ 的两两正交的单位特征向量.对应的正交线性变换 $\boldsymbol{x}=\boldsymbol{P}\boldsymbol{y}$ 就是符合要求的变换,利用它可以把二次型 $f=\boldsymbol{x}^{\mathrm{T}}\boldsymbol{A}\boldsymbol{x}$ 化为标准形,即

$$\begin{aligned}f&=\begin{bmatrix}y_1 & y_2 & \cdots & y_n\end{bmatrix}\begin{bmatrix}\lambda_1 & & & \\ & \lambda_2 & & \\ & & \ddots & \\ & & & \lambda_n\end{bmatrix}\begin{bmatrix}y_1\\ y_2\\ \vdots\\ y_n\end{bmatrix}\\&=\lambda_1y_1^2+\lambda_2y_2^2+\cdots+\lambda_ny_n^2.\end{aligned}$$

因此,只要写出二次型 f 对应的矩阵 $\boldsymbol{A}$,则用正交变换化 f 为标准形的步骤与实对称矩阵 $\boldsymbol{A}$ 化为对角矩阵的步骤几乎是一致的.

例 1　求一个正交变换,将二次型

$$f(x_1,x_2,x_3)=5x_1^2+8x_2^2-4x_1x_2$$

化为标准形.

解　二次型 f 的矩阵为

$$\boldsymbol{A}=\begin{bmatrix}5 & -2\\ -2 & 8\end{bmatrix},$$

特征多项式为

$$|\lambda \boldsymbol{E}-\boldsymbol{A}|=\begin{vmatrix}\lambda-5 & 2\\ 2 & \lambda-8\end{vmatrix}=(\lambda-4)(\lambda-9),$$

特征值为 $\lambda_1=4,\lambda_2=9$.

当 $\lambda_1=4$ 时,求得特征向量为

$$\boldsymbol{a}_1=\begin{bmatrix}2\\1\end{bmatrix},$$

单位化得

$$\boldsymbol{\varepsilon}_1=\frac{1}{\sqrt{5}}\begin{bmatrix}2\\1\end{bmatrix};$$

当 $\lambda_2=9$ 时,求得特征向量为

$$\boldsymbol{a}_2=\begin{bmatrix}-1\\2\end{bmatrix},$$

单位化得

$$\boldsymbol{\varepsilon}_2=\frac{1}{\sqrt{5}}\begin{bmatrix}-1\\2\end{bmatrix}.$$

令 $\boldsymbol{P}=\frac{1}{\sqrt{5}}\begin{bmatrix}2 & -1\\1 & 2\end{bmatrix}$,则变换 $\boldsymbol{x}=\boldsymbol{P}\boldsymbol{y}$,即

$$\begin{bmatrix}x_1\\x_2\end{bmatrix}=\begin{bmatrix}\frac{2}{\sqrt{5}} & -\frac{1}{\sqrt{5}}\\ \frac{1}{\sqrt{5}} & \frac{2}{\sqrt{5}}\end{bmatrix}\begin{bmatrix}y_1\\y_2\end{bmatrix}$$

就是要求的正交变换,它把二次型化为标准形

$$f=4y_1^2+9y_2^2.$$

例 2 用正交变换化二次型

$$f(x_1,x_2,x_3)=x_1^2+4x_2^2+x_3^2-4x_1x_2-8x_1x_3-4x_2x_3$$

为标准形,并指出所用的变换式.

解 二次型 f 的矩阵为

$$A=\begin{bmatrix}1&-2&-4\\-2&4&-2\\-4&-2&1\end{bmatrix},$$

特征多项式为

$$\begin{aligned}|\lambda E-A|&=\begin{vmatrix}\lambda-1&2&4\\2&\lambda-4&2\\4&2&\lambda-1\end{vmatrix}\\&=(\lambda-4)(\lambda-1)^2+32-16(\lambda-4)-8(\lambda-1)\\&=\lambda^3-6\lambda^2-15\lambda+100\\&=(\lambda-5)^2(\lambda+4),\end{aligned}$$

特征值为 $\lambda_1=\lambda_2=5,\lambda_3=-4$.

对于 $\lambda_1=\lambda_2=5$，求得对应的特征向量为

$$a_1=\begin{bmatrix}1\\-2\\0\end{bmatrix},\quad a_2=\begin{bmatrix}0\\-2\\1\end{bmatrix}.$$

先正交化，有

$$b_1=a_1,\quad b_2=a_2-\frac{a_2^{\mathrm{T}}b_1}{b_1^{\mathrm{T}}b_1}b_1=\begin{bmatrix}0\\-2\\1\end{bmatrix}-\frac{4}{5}\begin{bmatrix}1\\-2\\0\end{bmatrix}=\frac{1}{5}\begin{bmatrix}-4\\-2\\5\end{bmatrix},$$

再单位化，有

$$\varepsilon_1=\frac{1}{\sqrt{5}}\begin{bmatrix}1\\-2\\0\end{bmatrix},\quad \varepsilon_2=\frac{1}{\sqrt{45}}\begin{bmatrix}-4\\-2\\5\end{bmatrix}.$$

对于 $\lambda_3=-4$，求得特征向量为

$$a_3=\begin{bmatrix}2\\1\\2\end{bmatrix},$$

单位化，有

$$\varepsilon_3=\frac{1}{3}\begin{bmatrix}2\\1\\2\end{bmatrix}.$$

所用正交变换式为

$$\begin{bmatrix} x_1 \\ x_2 \\ x_3 \end{bmatrix} = \begin{bmatrix} \frac{1}{\sqrt{5}} & -\frac{4}{\sqrt{45}} & \frac{2}{3} \\ -\frac{2}{\sqrt{5}} & -\frac{2}{\sqrt{45}} & \frac{1}{3} \\ 0 & \frac{5}{\sqrt{45}} & \frac{2}{3} \end{bmatrix} \begin{bmatrix} y_1 \\ y_2 \\ y_3 \end{bmatrix},$$

它将二次型化为

$$f = 5y_1^2 + 5y_2^2 - 4y_3^2.$$

除了用正交变换化二次型为标准形之外，配方法也是一种很重要的方法.下面我们举两个例子.

例 3 用配方法化二次型

$$f(x_1, x_2, x_3) = x_1^2 + 2x_2^2 - x_3^2 + 4x_1x_2 - 4x_1x_3 - 4x_2x_3$$

为标准形，并指出所用的线性变换.

解 由于二次型 f 中含变量 x_1 的平方项和交叉项，故先把含 x_1 的项归并起来配方，然后把含 x_2 的项归并起来配方，如此继续下去，直到配成完全平方和的形式为止.即

$$\begin{aligned} f(x_1, x_2, x_3) &= x_1^2 + 2x_2^2 - x_3^2 + 4x_1x_2 - 4x_1x_3 - 4x_2x_3 \\ &= (x_1 + 2x_2 - 2x_3)^2 - 2x_2^2 - 5x_3^2 + 4x_2x_3 \\ &= (x_1 + 2x_2 - 2x_3)^2 - 2(x_2 - x_3)^2 - 3x_3^2, \end{aligned}$$

令

$$\begin{cases} y_1 = x_1 + 2x_2 - 2x_3, \\ y_2 = x_2 - x_3, \\ y_3 = x_3, \end{cases}$$

即

$$\begin{cases} x_1 = y_1 - 2y_2, \\ x_2 = y_2 + y_3, \\ x_3 = y_3, \end{cases}$$

则 f 可以化为标准形 $f = y_1^2 - 2y_2^2 - 3y_3^2$，线性变换

$$\begin{cases} x_1 = y_1 - 2y_2, \\ x_2 = y_2 + y_3, \\ x_3 = y_3 \end{cases}$$

就是所求的可逆变换.

例 4　用配方法化二次型

$$f(x_1,x_2,x_3)=x_1x_2+x_1x_3-3x_2x_3$$

为标准形,并指出所用的线性变换的矩阵.

解　二次型中不含有平方项,只有交叉项,因此不能直接配方.为了使 f 中出现平方项,便于配方,先作如下线性变换:

$$\begin{cases}x_1=y_1+y_2,\\x_2=y_1-y_2,\\x_3=y_3,\end{cases}$$

或者

$$\begin{bmatrix}x_1\\x_2\\x_3\end{bmatrix}=\begin{bmatrix}1&1&0\\1&-1&0\\0&0&1\end{bmatrix}\begin{bmatrix}y_1\\y_2\\y_3\end{bmatrix},$$

则 f 可以化为二次型

$$\begin{aligned}f(x_1,x_2,x_3)&=(y_1+y_2)(y_1-y_2)+(y_1+y_2)y_3-3(y_1-y_2)y_3\\&=y_1^2-y_2^2+4y_2y_3-2y_1y_3\\&=(y_1-y_3)^2-(y_2-2y_3)^2+3y_3^2.\end{aligned}$$

再令

$$\begin{cases}z_1=y_1-y_3,\\z_2=y_2-2y_3,\\z_3=y_3,\end{cases}$$

即

$$\begin{bmatrix}y_1\\y_2\\y_3\end{bmatrix}=\begin{bmatrix}1&0&1\\0&1&2\\0&0&1\end{bmatrix}\begin{bmatrix}z_1\\z_2\\z_3\end{bmatrix},$$

则 f 可以化为二次型

$$f=z_1^2-z_2^2+3z_3^2.$$

所用的可逆的线性变换为

$$\begin{bmatrix}x_1\\x_2\\x_3\end{bmatrix}=\begin{bmatrix}1&1&0\\1&-1&0\\0&0&1\end{bmatrix}\begin{bmatrix}1&0&1\\0&1&2\\0&0&1\end{bmatrix}\begin{bmatrix}z_1\\z_2\\z_3\end{bmatrix}=\begin{bmatrix}1&1&3\\1&-1&-1\\0&0&1\end{bmatrix}\begin{bmatrix}z_1\\z_2\\z_3\end{bmatrix},$$

即线性变换矩阵是

$$C=\begin{bmatrix}1 & 1 & 3\\1 & -1 & -1\\0 & 0 & 1\end{bmatrix}.$$

第三节　正定二次型

将二次型化为标准形时,尽管所用的线性变换不唯一,所得的标准形也不唯一,但同一个二次型的标准形中所含有的平方项的个数却是相同的,标准形中系数为正数的项的个数也是相同的.

二次型根据取值的符号可以分为正定、负定、半正定、半负定以及不定二次型,这里只介绍正定二次型.

定义 6.2　设有 n 元实二次型 $f(x_1,x_2,\cdots,x_n)=\boldsymbol{x}^{\mathrm{T}}\boldsymbol{A}\boldsymbol{x}$,如果对于变元 $x_1,x_2,\cdots,x_n$ 的任意一组不全为零的取值 $c_1,c_2,\cdots,c_n$,都有 $f(c_1,c_2,\cdots,c_n)>0$,则称 f 为正定二次型.并当 f 为正定二次型时,称其矩阵 $\boldsymbol{A}$ 为正定矩阵.

这里不加证明地给出正定二次型的两个判定条件.

定理 6.1　实对称矩阵 $\boldsymbol{A}$ 正定的充分必要条件是 $\boldsymbol{A}$ 的所有特征值都是正数.

定理 6.2　实对称矩阵 $\boldsymbol{A}$ 正定的充分必要条件是 $\boldsymbol{A}$ 的各阶顺序主子式都大于零,即

$$a_{11}>0,\quad \begin{vmatrix}a_{11} & a_{12}\\a_{21} & a_{22}\end{vmatrix}>0,\quad \cdots,\quad \begin{vmatrix}a_{11} & a_{12} & \cdots & a_{1n}\\a_{21} & a_{22} & \cdots & a_{2n}\\\vdots & \vdots & & \vdots\\a_{n1} & a_{n2} & \cdots & a_{nn}\end{vmatrix}>0.$$

例 1　判断实二次型

$$f(x_1,x_2,x_3)=x_1^2+2x_2^2+3x_3^2-2x_1x_2-2x_2x_3$$

的正定性.

解法一(用特征值判定)　二次型的矩阵为

$$\boldsymbol{A}=\begin{bmatrix}1 & -1 & 0\\-1 & 2 & -1\\0 & -1 & 3\end{bmatrix},$$

特征多项式为

$$|\lambda \boldsymbol{E}-\boldsymbol{A}|=\begin{vmatrix}\lambda-1 & 1 & 0\\ 1 & \lambda-2 & 1\\ 0 & 1 & \lambda-3\end{vmatrix}=(\lambda-2)(\lambda^2-4\lambda+1),$$

解得 $\boldsymbol{A}$ 的特征值为

$$\lambda_1=2,\quad \lambda_2=2+\sqrt{3},\quad \lambda_3=2-\sqrt{3}.$$

容易看出,所有特征值均为正数,所以该二次型为正定二次型.

解法二(用顺序主子式判定)　二次型的矩阵为

$$\boldsymbol{A}=\begin{bmatrix}1 & -1 & 0\\ -1 & 2 & -1\\ 0 & -1 & 3\end{bmatrix},$$

其各阶顺序主子式为

$$\Delta_1=1>0,$$

$$\Delta_2=\begin{vmatrix}1 & -1\\ -1 & 2\end{vmatrix}=1>0,$$

$$\Delta_3=\begin{vmatrix}1 & -1 & 0\\ -1 & 2 & -1\\ 0 & -1 & 3\end{vmatrix}=2>0,$$

所以该二次型为正定二次型.

例 2　当 t 为何值时,二次型

$$f(x_1,x_2,x_3)=5x_1^2+x_2^2+5x_3^2+4x_1x_2-8x_1x_3-4tx_2x_3$$

为正定二次型?

解　二次型的矩阵为

$$\boldsymbol{A}=\begin{bmatrix}5 & 2 & -4\\ 2 & 1 & -2t\\ -4 & -2t & 5\end{bmatrix},$$

其一阶和二阶顺序主子式

$$\Delta_1=5>0,$$

$$\Delta_2=\begin{vmatrix}5 & 2\\ 2 & 1\end{vmatrix}=1>0,$$

故只需三阶顺序主子式

$$\Delta_3=\begin{vmatrix}5 & 2 & -4\\ 2 & 1 & -2t\\ -4 & -2t & 5\end{vmatrix}=-(2t-1)(10t-11)>0$$

即可.由

$$-(2t-1)(10t-11)>0$$

解得

$$\frac{1}{2}<t<\frac{11}{10},$$

所以当$\frac{1}{2}<t<\frac{11}{10}$时,该二次型为正定二次型.

习题六

(A组)

1. 写出下列二次型的矩阵:

(1) $f(x_1,x_2,x_3)=x_1^2+2x_2^2+3x_3^2+4x_1x_2-8x_1x_3-4x_2x_3$;

(2) $f(x_1,x_2,x_3)=x_1^2+3x_2^2-5x_3^2+2x_1x_2$;

(3) $f(x_1,x_2,x_3,x_4)=2x_1x_2-8x_3x_4$.

2. 求出下列线性变换

$$\begin{cases}y_1=2x_1+x_2-x_3,\\ y_2=2x_1+x_2+2x_3,\\ y_3=x_1-x_2+x_3\end{cases}$$

的逆变换.

3. 用正交变换法将下列二次型化为标准形,并求出所用的正交矩阵.

(1) $f(x_1,x_2,x_3)=2x_1^2+2x_2^2+2x_1x_2$;

(2) $f(x_1,x_2,x_3)=2x_1^2+3x_2^2+4x_2x_3+3x_3^2$;

(3) $f(x_1,x_2,x_3)=2x_1x_2+2x_1x_3+2x_2x_3$.

4. 利用配方法将下列二次型化为标准形,并写出所用的可逆线性变换.

(1) $f(x_1,x_2,x_3)=x_1^2-4x_1x_2+2x_1x_3+2x_2x_3$;

(2) $f(x_1,x_2,x_3)=x_1^2+5x_1x_2-x_2x_3$;

(3) $f(x_1,x_2,x_3)=x_1x_2+x_1x_3+x_2x_3$.

5. 判断下列二次型的正定性：

(1) $f(x_1,x_2,x_3)=5x_1^2+6x_2^2+4x_3^2-4x_1x_2-4x_2x_3$；

(2) $f(x_1,x_2,x_3)=2x_1^2+4x_2^2-5x_3^2+4x_1x_2$.

(B 组)

1. 填空题：

(1) 二次型 $f=x_1^2-2x_2^2+3x_3^2-4x_1x_2-x_1x_3+4x_2x_3$ 的矩阵 $\mathbf{A}=$________.

(2) 线性变换 $\begin{cases} x_1=y_1+y_2-2y_3, \\ x_2=y_1-y_2, \\ x_3=y_3 \end{cases}$ 可用矩阵表示为________.

(3) 二次型

$$f(x_1,x_2)=2x_1^2+2x_2^2-2x_1x_2$$

经过正交变换化成的标准形为________.

(4) 若定义任意一个二次型的秩等于该二次型的矩阵的秩，则二次型

$$f=x_1x_2+x_1x_3+x_2x_3$$

的秩为________.

2. 设二次型

$$f=2x_1^2+6x_2^2+tx_3^2-2x_1x_2-2x_1x_3$$

为正定二次型，求 t 的取值范围.

3. 证明：平面曲线

$$-\frac{5}{2}x^2-13xy-\frac{5}{2}y^2=36$$

是一条双曲线.

习题参考答案

习题一

(A组)

4. (1) 7;(2) 1;(3) -36;(4) $a^3+b^3+c^3-3abc$.

5. (1) $\begin{cases}x_1=5,\\x_2=4;\end{cases}$(2) $\begin{cases}x_1=\dfrac{5}{8},\\x_2=-\dfrac{1}{8},\\x_3=-\dfrac{3}{8};\end{cases}$(3) $\begin{cases}x_1=\dfrac{9}{10},\\x_2=\dfrac{1}{10},\\x_3=\dfrac{3}{10}.\end{cases}$

(B组)

1. (1) 0;(2) $(ab-cd)^2$;(3) 297.

2. $x_1=0,x_2=1,x_3=2$.

3. $m=0,k=-3$.

4. (1) $D_n=a^n-a^{n-2}$;(2) $D_n=x^n+(-1)^{n+1}y^n$;(3) $D_n=[x+(n-1)a](x-a)^{n-1}$;

(4) $D_{2n}=(ad-bc)^n$;(5) $D_n=-2\cdot(n-2)!$;(6) $D_n=a_1a_2\cdots a_n\left(1+\sum\limits_{i=1}^{n}\dfrac{1}{a_n}\right)$.

5. $\begin{cases}x_1=\dfrac{(b-d)(c-d)}{(b-a)(c-a)},\\x_2=\dfrac{(d-a)(c-d)}{(b-a)(c-b)},\\x_3=\dfrac{(d-a)(d-b)}{(c-b)(c-a)}.\end{cases}$

习题二

(A组)

1. (1) 9;(2) $\begin{bmatrix}3+2a & 6+2b & 6+2c\\-3+2m & 2n & 9+2p\end{bmatrix}$;(3) $\begin{bmatrix}a-m & b-n & c-p\\2a & 2b & 2c\\2a+3m & 2b+3n & 2c+3p\end{bmatrix}$.

2. (1) 5;(2) $\begin{bmatrix}7 & 0 & 4\\0 & 1 & 0\\6 & 0 & 7\end{bmatrix}$;(3) $\begin{bmatrix}1 & 4 & -1\\7 & 7 & 0\end{bmatrix}$.

4. (1) $\boldsymbol{A}^{-1}=\dfrac{1}{2}\begin{bmatrix}3 & -1\\ -4 & 2\end{bmatrix}$;(2) $\boldsymbol{A}^{-1}=\begin{bmatrix}\sin x & -\cos x\\ \cos x & \sin x\end{bmatrix}$;

(3) $\boldsymbol{A}^{-1}=\begin{bmatrix}-2 & 1 & 0\\ -\dfrac{13}{2} & 3 & -\dfrac{1}{2}\\ -16 & 7 & -1\end{bmatrix}$;(4) $\boldsymbol{A}^{-1}=\dfrac{1}{15}\begin{bmatrix}-23 & 13 & 4\\ 13 & -8 & 1\\ 4 & 1 & -2\end{bmatrix}$.

5. (1) $\boldsymbol{X}=\begin{bmatrix}-7 & -13\\ 5 & 8\end{bmatrix}$;(2) $\boldsymbol{X}=\begin{bmatrix}-2 & 2 & 1\\ -\dfrac{8}{3} & 5 & -\dfrac{2}{3}\end{bmatrix}$;(3) $\boldsymbol{X}=\begin{bmatrix}2 & -1 & 0\\ 1 & 3 & -4\\ 1 & 0 & -2\end{bmatrix}$.

6. $\begin{bmatrix}x_1\\ x_2\\ x_3\end{bmatrix}=\begin{bmatrix}-18\\ -20\\ 26\end{bmatrix}$.

7. $\dfrac{8}{3}$.

(B 组)

3. $\boldsymbol{A}^{100}=\begin{bmatrix}1 & 100 & 4950\\ 0 & 1 & 100\\ 0 & 0 & 1\end{bmatrix}$.　**4.** $\boldsymbol{X}-\begin{bmatrix}2 & 0 & 2\\ 0 & 4 & 0\\ 4 & 3 & 2\end{bmatrix}$.

习题三

(A 组)

2. (1) 2;(2) 2;(3) 3.　**3.** $\lambda=2$.

4. (1) $\begin{bmatrix}x_1\\ x_2\\ x_3\\ x_4\end{bmatrix}=k_1\begin{bmatrix}1\\ -3\\ 1\\ 0\end{bmatrix}+k_1\begin{bmatrix}-2\\ 3\\ 0\\ 1\end{bmatrix}$($k_1,k_2$ 为任意实数);(2) 只有零解.

5. (1) 无解;(2) $\begin{bmatrix}x_1\\ x_2\\ x_3\end{bmatrix}=\begin{bmatrix}9\\ -3\\ -5\end{bmatrix}$;

(3) $\begin{bmatrix}x_1\\ x_2\\ x_3\\ x_4\end{bmatrix}=k_1\begin{bmatrix}4\\ -3\\ 1\\ 0\end{bmatrix}+k_2\begin{bmatrix}5\\ -3\\ 0\\ 1\end{bmatrix}+\begin{bmatrix}2\\ -1\\ 0\\ 0\end{bmatrix}$($k_1,k_2$ 为任意实数).

6. (1) $\begin{bmatrix}1 & 0 & 0\\ \dfrac{1}{2} & \dfrac{1}{2} & 0\\ -1 & -\dfrac{2}{3} & \dfrac{1}{3}\end{bmatrix}$;(2) 不存在;(3) $\begin{bmatrix}1 & 1 & -2 & -4\\ 0 & 1 & 0 & -1\\ -1 & -1 & 3 & 6\\ 2 & 1 & -6 & -10\end{bmatrix}$.

(B组)

1. $(\boldsymbol{A}-2\boldsymbol{E})^{-1}=\begin{bmatrix}1 & 0 & 0\\ -\frac{1}{2} & \frac{1}{2} & 0\\ 0 & 0 & 1\end{bmatrix}$. **2.** $\boldsymbol{B}=\begin{bmatrix}0 & 0 & 1\\ -1 & 0 & 3\\ 3 & 2 & -5\end{bmatrix}$.

3. (1) $k=1$;(2) $k=-2$;(3) $k\neq-2$ 且 $k\neq 1$.

4. $\boldsymbol{P}=\begin{bmatrix}-\frac{1}{3} & \frac{2}{3}\\ \frac{2}{3} & -\frac{1}{3}\end{bmatrix}$,$\boldsymbol{Q}=\begin{bmatrix}1 & 0 & \frac{1}{3}\\ 0 & 1 & -\frac{5}{3}\\ 0 & 0 & 1\end{bmatrix}$.

5. 当 $a\neq 2$ 时,无解;当 $a=2$ 时有无穷多解,此时全部解为

$$\begin{bmatrix}x_1\\ x_2\\ x_3\\ x_4\end{bmatrix}=k_1\begin{bmatrix}3\\ 7\\ 16\\ 0\end{bmatrix}+k_2\begin{bmatrix}9\\ 5\\ 0\\ 16\end{bmatrix}+\begin{bmatrix}\frac{9}{16}\\ \frac{5}{16}\\ 0\\ 0\end{bmatrix}\quad(k_1,k_2\text{ 为任意实数}).$$

习题四

(A组)

1. $\boldsymbol{\alpha}_1-\boldsymbol{\alpha}_2=\begin{bmatrix}1\\ 0\\ -2\end{bmatrix}$,$3\boldsymbol{\alpha}_1+2\boldsymbol{\alpha}_2-\boldsymbol{\alpha}_3=\begin{bmatrix}0\\ 6\\ 4\end{bmatrix}$. **2.** $\boldsymbol{a}_4=\begin{bmatrix}1\\ 2\\ 3\\ 4\end{bmatrix}$.

3. (1) 线性相关;(2) 线性无关.

4. $a=-1$ 或 $a=2$.

5. $k=2$.

6. (1) $R(\boldsymbol{\alpha}_1,\boldsymbol{\alpha}_2,\boldsymbol{\alpha}_3,\boldsymbol{\alpha}_4)=4$,极大无关组为 $\boldsymbol{\alpha}_1,\boldsymbol{\alpha}_2,\boldsymbol{\alpha}_3,\boldsymbol{\alpha}_4$;

(2) $R(\boldsymbol{\alpha}_1,\boldsymbol{\alpha}_2,\boldsymbol{\alpha}_3,\boldsymbol{\alpha}_4)=3$,极大无关组为 $\boldsymbol{\alpha}_1,\boldsymbol{\alpha}_2,\boldsymbol{\alpha}_3$ 或 $\boldsymbol{\alpha}_1,\boldsymbol{\alpha}_2,\boldsymbol{\alpha}_4$.

7. (1) 列向量组的一个极大无关组为第一、第二、第四列或第一、第二、第五列或第一、第三、第四列或第一、第三、第五列;

(2) 列向量组的一个极大无关组为第一、第二、第三列或第一、第二、第四列或第一、第二、第五列.

8. $a=2,b=5$.

9. (1) $\boldsymbol{\xi}_1=\begin{bmatrix}-2\\ 1\\ 0\\ 0\end{bmatrix}$,$\boldsymbol{\xi}_2=\begin{bmatrix}1\\ 0\\ 0\\ 1\end{bmatrix}$,$\boldsymbol{x}=k_1\begin{bmatrix}-2\\ 1\\ 0\\ 0\end{bmatrix}+k_2\begin{bmatrix}1\\ 0\\ 0\\ 1\end{bmatrix}$ $(k_1,k_2$ 为任意实数);

(2) $\boldsymbol{\xi}=\begin{bmatrix}5\\7\\-3\\4\end{bmatrix},\boldsymbol{x}=k\begin{bmatrix}5\\7\\-3\\4\end{bmatrix}$（$k$ 为任意实数）；

(3) $\boldsymbol{\xi}_1=\begin{bmatrix}-1\\1\\0\end{bmatrix},\boldsymbol{\xi}_2=\begin{bmatrix}1\\0\\1\end{bmatrix},\boldsymbol{x}=k_1\begin{bmatrix}-1\\1\\0\end{bmatrix}+k_2\begin{bmatrix}1\\0\\1\end{bmatrix}$（$k_1,k_2$ 为任意实数）.

10. (1) (a) 为 $\boldsymbol{\xi}_1=\begin{bmatrix}0\\0\\1\\0\end{bmatrix},\boldsymbol{\xi}_2=\begin{bmatrix}-1\\1\\0\\1\end{bmatrix}$，(b) 为 $\boldsymbol{\xi}_1=\begin{bmatrix}0\\1\\1\\0\end{bmatrix},\boldsymbol{\xi}_2=\begin{bmatrix}-1\\-1\\0\\1\end{bmatrix}$；

(2) $\boldsymbol{x}=k\begin{bmatrix}-1\\1\\2\\1\end{bmatrix}$（$k$ 为任意实数）.

11. (1) $\boldsymbol{\eta}^*=\begin{bmatrix}-2\\5\\0\\0\end{bmatrix},\boldsymbol{\xi}_1=\begin{bmatrix}-1\\2\\1\\0\end{bmatrix},\boldsymbol{\xi}_2=\begin{bmatrix}5\\-7\\0\\1\end{bmatrix}$；

(2) $\boldsymbol{\eta}^*=\begin{bmatrix}-8\\13\\0\\2\end{bmatrix},\boldsymbol{\xi}=\begin{bmatrix}-1\\1\\1\\0\end{bmatrix}$.

（B 组）

1. (1) 1；(2) $\boldsymbol{\xi}_1=\begin{bmatrix}-1\\1\\0\\0\end{bmatrix},\boldsymbol{\xi}_2=\begin{bmatrix}0\\0\\1\\1\end{bmatrix}$；(3) 2；(4) 1.

3.（答案不唯一）$\boldsymbol{x}=k\begin{bmatrix}3\\4\\5\\6\end{bmatrix}+\begin{bmatrix}2\\3\\4\\5\end{bmatrix}$（$k$ 为任意实数）.

5. (1) $\alpha=-4,\beta\neq 0$；(2) $\alpha\neq -4$；(3) $\alpha=-4,\beta=0$.

6. (1) $\lambda=1$；(2) 证明略.

习题五

(A组)

1. (1) $\lambda_1=\lambda_2=1,\lambda_3=-2,\boldsymbol{\xi}_1=\begin{bmatrix}-2\\1\\0\end{bmatrix},\boldsymbol{\xi}_2=\begin{bmatrix}0\\0\\1\end{bmatrix},\boldsymbol{\xi}_3=\begin{bmatrix}-1\\1\\1\end{bmatrix}$;

(2) $\lambda_1=\lambda_2=1,\lambda_3=-1,\boldsymbol{\xi}_1=\begin{bmatrix}0\\1\\0\end{bmatrix},\boldsymbol{\xi}_2=\begin{bmatrix}1\\0\\1\end{bmatrix},\boldsymbol{\xi}_3=\begin{bmatrix}-1\\0\\1\end{bmatrix}$;

(3) $\lambda_1=\lambda_2=2,\lambda_3=1,\lambda_4=-1,\boldsymbol{\xi}_1=\boldsymbol{\xi}_2=\begin{bmatrix}4\\1\\1\\0\end{bmatrix},\boldsymbol{\xi}_3=\begin{bmatrix}1\\0\\0\\0\end{bmatrix},\boldsymbol{\xi}_4=\begin{bmatrix}-3\\2\\0\\0\end{bmatrix}$;

(4) $\lambda_1=\lambda_2=\lambda_3=4,\boldsymbol{\xi}_1=\boldsymbol{\xi}_2=\boldsymbol{\xi}_3=\begin{bmatrix}1\\1\\1\end{bmatrix}$.

2. (1) 先正交化：$\boldsymbol{\beta}_1=\begin{bmatrix}3\\4\end{bmatrix},\boldsymbol{\beta}_2=\begin{bmatrix}-\frac{4}{25}\\\frac{3}{25}\end{bmatrix}$,

再单位化：$\boldsymbol{\gamma}_1=\begin{bmatrix}\frac{3}{5}\\\frac{4}{5}\end{bmatrix},\boldsymbol{\gamma}_2=\begin{bmatrix}-\frac{4}{5}\\\frac{3}{5}\end{bmatrix}$;

(2) 先正交化：$\boldsymbol{\beta}_1=\begin{bmatrix}2\\0\\0\end{bmatrix},\boldsymbol{\beta}_2=\begin{bmatrix}0\\1\\-1\end{bmatrix},\boldsymbol{\beta}_3=\begin{bmatrix}0\\3\\3\end{bmatrix}$,

再单位化：$\boldsymbol{\gamma}_1=\begin{bmatrix}1\\0\\0\end{bmatrix},\boldsymbol{\gamma}_2=\begin{bmatrix}0\\\frac{1}{\sqrt{2}}\\-\frac{1}{\sqrt{2}}\end{bmatrix},\boldsymbol{\gamma}_3=\begin{bmatrix}0\\\frac{1}{\sqrt{2}}\\\frac{1}{\sqrt{2}}\end{bmatrix}$;

(3) 先正交化：$\boldsymbol{\beta}_1=\begin{bmatrix}1\\1\\0\end{bmatrix},\boldsymbol{\beta}_2=\begin{bmatrix}-\frac{1}{2}\\\frac{1}{2}\\1\end{bmatrix},\boldsymbol{\beta}_3=\begin{bmatrix}-\frac{1}{3}\\\frac{1}{3}\\-\frac{1}{3}\end{bmatrix}$,

再单位化：$\boldsymbol{\gamma}_1 = \begin{bmatrix} \frac{1}{\sqrt{2}} \\ \frac{1}{\sqrt{2}} \\ 0 \end{bmatrix}$，$\boldsymbol{\gamma}_2 = \begin{bmatrix} -\frac{\sqrt{6}}{6} \\ \frac{\sqrt{6}}{6} \\ \frac{\sqrt{6}}{3} \end{bmatrix}$，$\boldsymbol{\gamma}_3 = \begin{bmatrix} -\frac{\sqrt{3}}{3} \\ \frac{\sqrt{3}}{3} \\ -\frac{\sqrt{3}}{3} \end{bmatrix}$.

3. (1) $\boldsymbol{P} = \begin{bmatrix} \frac{1}{3} & \frac{2}{3} & \frac{2}{3} \\ \frac{2}{3} & \frac{1}{3} & -\frac{2}{3} \\ \frac{2}{3} & -\frac{2}{3} & \frac{1}{3} \end{bmatrix}$，$\boldsymbol{P}^{-1}\boldsymbol{AP} = \begin{bmatrix} -2 & 0 & 0 \\ 0 & 1 & 0 \\ 0 & 0 & 4 \end{bmatrix}$；

(2) $\boldsymbol{P} = \begin{bmatrix} -\frac{1}{\sqrt{2}} & -\frac{1}{\sqrt{6}} & \frac{1}{\sqrt{3}} \\ \frac{1}{\sqrt{2}} & -\frac{1}{\sqrt{6}} & \frac{1}{\sqrt{3}} \\ 0 & \frac{2}{\sqrt{6}} & \frac{1}{\sqrt{3}} \end{bmatrix}$，$\boldsymbol{P}^{-1}\boldsymbol{AP} = \begin{bmatrix} -1 & 0 & 0 \\ 0 & -1 & 0 \\ 0 & 0 & 5 \end{bmatrix}$.

4. (1) 否；(2) 是.

(B 组)

1. (1) 0；(2) $\lambda_1 = \lambda_2 = 2, \lambda_3 = -2$；(3) 3.

2. B.

3. $\boldsymbol{A} = \begin{bmatrix} 0 & 1 \\ 1 & 0 \end{bmatrix}$.

4. $\boldsymbol{A}^n = \frac{1}{2}\begin{bmatrix} 1+3^n & 1-3^n \\ 1-3^n & 1+3^n \end{bmatrix}$.

习题六

(A 组)

1. (1) $\begin{bmatrix} 1 & 2 & -4 \\ 2 & 2 & -2 \\ -4 & -2 & 3 \end{bmatrix}$；(2) $\begin{bmatrix} 1 & 1 & 0 \\ 1 & 3 & 0 \\ 0 & 0 & -5 \end{bmatrix}$；(3) $\begin{bmatrix} 0 & 1 & 0 & 0 \\ 1 & 0 & 0 & 0 \\ 0 & 0 & 0 & -4 \\ 0 & 0 & -4 & 0 \end{bmatrix}$.

2. $\begin{cases} x_1 = \frac{1}{3}y_1 + \frac{1}{3}y_3, \\ x_2 = \frac{1}{3}y_2 - \frac{2}{3}y_3, \\ x_3 = -\frac{1}{3}y_1 + \frac{1}{3}y_2. \end{cases}$

3. (1) $\begin{bmatrix} x_1 \\ x_2 \end{bmatrix} = \begin{bmatrix} -\frac{1}{\sqrt{2}} & \frac{1}{\sqrt{2}} \\ \frac{1}{\sqrt{2}} & \frac{1}{\sqrt{2}} \end{bmatrix} \begin{bmatrix} y_1 \\ y_2 \end{bmatrix}, f = y_1^2 + 3y_2^2$;

(2) $\begin{bmatrix} x_1 \\ x_2 \\ x_3 \end{bmatrix} = \begin{bmatrix} 0 & 1 & 0 \\ -\frac{1}{\sqrt{2}} & 0 & \frac{1}{\sqrt{2}} \\ \frac{1}{\sqrt{2}} & 0 & \frac{1}{\sqrt{2}} \end{bmatrix} \begin{bmatrix} y_1 \\ y_2 \\ y_3 \end{bmatrix}, f = y_1^2 + 2y_2^2 + 5y_3^2$;

(3) $\begin{bmatrix} x_1 \\ x_2 \\ x_3 \end{bmatrix} = \begin{bmatrix} 0 & -\frac{2}{\sqrt{6}} & \frac{1}{\sqrt{3}} \\ \frac{1}{\sqrt{2}} & \frac{1}{\sqrt{6}} & \frac{1}{\sqrt{3}} \\ -\frac{1}{\sqrt{2}} & \frac{1}{\sqrt{6}} & \frac{1}{\sqrt{3}} \end{bmatrix} \begin{bmatrix} y_1 \\ y_2 \\ y_3 \end{bmatrix}, f = -y_1^2 - y_2^2 + 2y_3^2$.

4. (1) $f = y_1^2 - 4y_2^2 + \frac{5}{4}y_3^2, \begin{bmatrix} x_1 \\ x_2 \\ x_3 \end{bmatrix} = \begin{bmatrix} 1 & 2 & \frac{1}{2} \\ 0 & 1 & \frac{3}{4} \\ 0 & 0 & 1 \end{bmatrix} \begin{bmatrix} y_1 \\ y_2 \\ y_3 \end{bmatrix}$;

(2) $f = y_1^2 - \frac{25}{4}y_2^2 + \frac{1}{25}y_3^2, \begin{bmatrix} x_1 \\ x_2 \\ x_3 \end{bmatrix} = \begin{bmatrix} 1 & -\frac{5}{2} & \frac{1}{5} \\ 0 & 1 & -\frac{2}{25} \\ 0 & 0 & 1 \end{bmatrix} \begin{bmatrix} y_1 \\ y_2 \\ y_3 \end{bmatrix}$;

(3) $f = y_1^2 - y_2^2 - y_3^2, \begin{bmatrix} x_1 \\ x_2 \\ x_3 \end{bmatrix} = \begin{bmatrix} 1 & 1 & -1 \\ 1 & -1 & -1 \\ 0 & 0 & 1 \end{bmatrix} \begin{bmatrix} y_1 \\ y_2 \\ y_3 \end{bmatrix}$.

5. (1) 正定;(2) 非正定.

(B 组)

1. (1) $\begin{bmatrix} 1 & -2 & -\frac{1}{2} \\ -2 & -2 & 2 \\ -\frac{1}{2} & 2 & 3 \end{bmatrix}$;(2) $\begin{bmatrix} x_1 \\ x_2 \\ x_3 \end{bmatrix} = \begin{bmatrix} 1 & 1 & -2 \\ 1 & -1 & 0 \\ 0 & 0 & 1 \end{bmatrix} \begin{bmatrix} y_1 \\ y_2 \\ y_3 \end{bmatrix}$;

(3) $f = y_1^2 + 3y_2^2$;(4) 3.

2. $t > \frac{6}{11}$.

参考文献

[1] 陈殿友，术洪亮.线性代数[M].2 版.北京：清华大学出版社，2014.

[2] 周勇，朱硕.线性代数[M].上海：复旦大学出版社，2009.

[3] 惠淑荣，张京，李修清.线性代数[M].沈阳：东北大学出版社，2006.

[4] 黄廷祝，成孝予.线性代数与空间解析几何[M].3 版.北京：高等教育出版社，2008.

[5] 张志让，刘启宽.线性代数与空间解析几何[M].2 版.北京：高等教育出版社，2009.

[6] 金珩，包霞.线性代数[M].天津：南开大学出版社，2017.

[7] 同济大学数学系.工程数学：线性代数[M].6 版.北京：高等教育出版社，2014.